JAN BINDIG

DAS IT-SECURITY-MINDSET

JAN BINDIG

DAS IT-SECURITY MINDSET

Der Mittelstand auf dem digitalen Prüfstand

FBV

Mit einem Vorwort von Wolfgang Bosbach

Bibliografische Information der Deutschen Nationalbibliothek
Die Deutsche Nationalbibliothek verzeichnet diese Publikation in der Deutschen Nationalbibliografie. Detaillierte bibliografische Daten sind im Internet über http://dnb.d-nb.de abrufbar.

Für Fragen und Anregungen
info@finanzbuchverlag.de

Originalausgabe, 1. Auflage 2019

Nymphenburger Straße 86
D-80636 München
Tel.: 089 651285-0
Fax: 089 652096

Redaktion: Caroline Kazianka
Korrektorat: Manuela Kahle
Umschlaggestaltung: Laura Osswald
Umschlagabbildung: shutterstock.com/Omelchenko
Satz: Carsten Klein, Torgau
Druck: GGP Media GmbH, Pößneck
Printed in Germany

ISBN Print 978-3-95972-174-5
ISBN E-Book (PDF) 978-3-96092-316-9
ISBN E-Book (EPUB, Mobi) 978-3-96092-317-6

Weitere Informationen zum Verlag finden Sie unter
www.finanzbuchverlag.de
Beachten Sie auch unsere weiteren Verlage unter www.m-vg.de

Inhalt

Vorwort: Safety first!

Von Wolfgang Bosbach, Sicherheitsexperte der CDU

Kein Zweifel, der DatenSCHUTZ hat Konjunktur! Wegen der EU-Datenschutzgrundverordnung und deren Folgen ist diesem Thema in vielen Medien breiter Raum gewidmet worden. Die Bedeutung des Regelwerks konnte nicht häufig und wortreich genug geschildert werden. Allerdings kontrastierte die Verzweiflung von Hochzeitsfotografen doch erheblich mit der Euphorie professioneller Datenschützer.

Es ist aber auch wirklich mehr als nur ärgerlich, wenn persönliche Daten rechtswidrig als Handelsware auf die Märkte geworfen und zweckwidrig genutzt werden, und bei so mancher Werbesendung fragen wir uns: Wie sind die bloß an meine Daten gekommen?

Aber ist es nicht viel – sehr viel – ärgerlicher, wenn unsere digitale Infrastruktur zum Ziel hochprofessionell agierender Hacker wird? Wenn unsere Computer oder Netzwerke mit Schadsoftware infiltriert werden? Wenn auf diese Weise zum Beispiel besonders schützenswerte Forschungsergebnisse oder Ausschreibungsunterlagen bei der Konkurrenz landen oder wenn eine sogenannte Erpressungssoftware für die Empfänger ruinöse Folgen haben kann?

Dann geht es nicht mehr nur um ungebetene Werbeanrufe, unverlangt zugesandte Prospekte oder lästige Mails mit zweifelhaftem Inhalt – dann kann die Existenz ganzer Unternehmen ernsthaft in Gefahr sein.

Umso mehr erstaunt, dass das Thema DatenSICHERHEIT bis jetzt zu oft nur bei Insidern, Experten und digitalen Feinschmeckern den angemessenen Stellenwert hat. Oder sollte ich sagen »hatte« – denn dieses Buch soll dem Thema »Sicherheit« größere Beachtung bescheren.

Allein in Nordrhein-Westfalen (NRW) wurden im Jahr 2016 exakt 22708 Fälle im Bereich der Computerkriminalität erfasst – eine Steigerung gegenüber dem Vorjahr um satte 36,4 Prozent, dabei dürfte das Dunkelfeld erschreckend groß sein. Erpressungen mit dem Tatmittel Internet haben dabei um knapp 30 Prozent zugenommen, in Zukunft dürften die Fälle weiter zunehmen.

In diesem Zeitraum stieg zwar auch die Aufklärungsquote auf gut 32 Prozent, was allerdings im Umkehrschluss bedeutet, dass zwei von drei Taten nicht aufgeklärt werden konnten und die Täter straffrei davonkamen.

Allein in NRW betrug die Schadenshöhe gut 14 Millionen Euro, aber dieser amtlich festgestellte Schaden dürfte deutlich unter dem Tatsächlichen liegen.

Ganz gleich ob Verschlüsselungstrojaner zur Erlangung von Lösegeld, Ransomware-Angriffe auf Krankenhäuser oder der Aufbau riesiger Botnetze – der Fantasie der Täter sind keine Grenzen gesetzt. Die Angriffe werden immer raffinierter und durch die zunehmende intensive Vernetzung aller Lebensbereiche bieten sich den Tätern permanent neue Angriffsflächen.

Gut in Erinnerung ist ganz gewiss nicht nur mir, sondern auch der breiten Öffentlichkeit der Hackerangriff auf die IT-Systeme des Deutschen Bundestages – der erst im Mai 2015 entdeckt wurde, aber schon mehrere Monate zuvor gestartet worden war. Ungewiss, in welchem Umfang sensible Daten abgeflossen sind, bei wem sie landeten und zu welchen Zwecken sie genutzt – eher missbraucht – worden sind.

Durch die Verabschiedung des IT-Sicherheitsgesetzes haben Bundesregierung und Bundestag zwar dem Thema Datensicherheit eine neue, besonders hervorgehobene Bedeutung gegeben. Nicht nur ganz gezielt zum Schutz der kritischen Infrastruktur unseres Landes – auch zum Nutzen und Schutz von Unternehmen und Bürgerinnen und Bürgern, die unsere IT-Strukturen verwenden.

Dieses Gesetz und seine Entstehungsgeschichte zeigen aber auch, dass die Politik oft nur sehr zögerlich agiert – oder sollte man besser sagen: re-agiert?

Vielleicht kann dieses Buch dazu beitragen, die Sensibilität für das Thema IT-Sicherheit deutlich zu erhöhen. Nicht nur bei den Nutzerinnen und Nutzern, auch bei der Politik.

In der Fachzeitschrift des Bundes Deutscher Kriminalbeamter (Ausgabe 7/8 2018) wird dem Thema Internetkriminalität und deren Bekämpfung breiter Raum gewidmet, und wer sich jemals intensiv mit dem Aufbau und der Arbeit der Cybercrime-Polizeidienststellen befasst hat, wird rasch erkennen, mit welcher enormen kriminellen Energie die Täter agieren – und wie mühsam es ist, sie zu enttarnen und ihre Strukturen zu zerschlagen. Gerade deshalb ist Prävention in Form von Schutz vor illegaler Infiltration so wichtig.

Mit dem Bundesamt für Sicherheit in der Informationstechnik (BSI) haben wir eine Behörde, in der sehr viel Kompetenz und Erfahrung gebündelt ist. Nutzen Sie auch die Expertise dieses Hauses – und vielleicht werden Sie nach der Lektüre dieses Buches schnell zu dem Fazit kommen:

Auch in puncto IT gilt: Safety first!

Einleitung

In Sachen Digitalisierung hat der deutsche Mittelstand noch viel Luft nach oben. Größtes Hindernis auf dem Weg zu einer stärkeren Digitalisierung ist fehlendes Know-how rund um die IT-Sicherheit. Doch gerade sichere IT-Systeme sind die Voraussetzung dafür, dass kleine und mittelständische Unternehmen (KMUs) die Chancen der Digitalisierung stärker nutzen. Um für die digitalen Herausforderungen der Zukunft besser gerüstet zu sein, müssen Geschäftsführer mittelständischer Unternehmen die Themen Digitalisierung, IT-Sicherheit und Datenschutz daher wesentlich stärker in den Fokus ihres geschäftlichen Handelns rücken. Denn im Zweifel hängt von diesem Punkt auch die Existenz des gesamten Unternehmens ab.

Zwar haben 64 Prozent der KMUs die Bedeutung von IT-Sicherheit erkannt, die meisten fühlen sich diesbezüglich jedoch schlecht informiert: So wünscht sich jeder dritte Mittelständler bessere Informationen zum Thema IT-Sicherheit und jeder fünfte mehr Sicherheitsberatung. Dabei sind sowohl Informationen als auch Beratungsangebote mehr als reichlich vorhanden – doch offenbar zu viel: 4023

Publikationen zum Thema IT-Sicherheit bietet das Bundesamt für Sicherheit in der Informationstechnik, 507 weitere die Initiative IT-Sicherheit in der Wirtschaft und 49 das Bundesministerium für Wirtschaft und Energie (BMWi). Hinzu kommen rund 100 Veranstaltungen. Zudem gibt es deutschlandweit 27 Mittelstand 4.0-Kompetenzzentren, die kleine und mittelständische Unternehmen mit unterschiedlichsten Angeboten rund um die IT-Sicherheit und Digitalisierung fit für die Industrie 4.0 machen.

Allerdings sieht es so aus, als würde der Mittelstand angesichts der Vielfalt den Überblick verlieren. Was zu fehlen scheint, sind praxistaugliche, eingängige und leicht umzusetzende Hilfestellungen. Mit meinem Buch möchte ich kleinen und mittelständischen Unternehmen zeigen, dass IT-Sicherheit kein undurchdringlicher Informations-Dschungel sein muss, sondern ein einfach zu beschreitender Weg – mit zunächst einigen wenigen wesentlichen Punkten –, der in mehreren Etappen gegangen werden kann. Mein IT-Security-Mindset ist ein Navigationssystem, das KMUs ohne Umwege an ihr persönliches IT-Sicherheitsziel führt. Jeder Weg beginnt mit einem ersten Schritt. Machen Sie ihn jetzt!

Helfen werden Ihnen dabei die kurzgefassten Ratschläge und Kapitel, genauso wie die anschaulichen Darstellungen der vier Experten die wir – neben Wolfgang Bosbach – für dieses Buch gewinnen konnten: Ulrich Seibold (Hewlett-Packard GmbH), Arnold Krille (cognitix GmbH), Hans-Wilhelm Dünn (Cyber-Sicherheitsrat Deutschland e. V.) und Prof. Dr. Martin Uzik (Berlin Institute of Finance Innovation and Digitalization). Bei allen fünf »Mitstreitern« möchte ich mich herzlich bedanken.

Ihr Jan Bindig

Digitalisierungsgrad im deutschen Mittelstand

Die knapp 2,5 Millionen kleinen und mittelständischen Unternehmen sind der Innovations- und Technologiemotor Deutschlands. Sie stehen für die Hälfte der Bruttowertschöpfung deutscher Unternehmen, schaffen fast 60 Prozent aller Arbeitsplätze sowie 82 Prozent der Ausbildungsplätze. Damit das Erfolgsmodell »made in Germany« im internationalen Wettbewerb auch in Zukunft seine Trümpfe ausspielen kann, muss der Mittelstand daher die Chancen der Digitalisierung beherzter nutzen.

Doch genau in diesem Bereich schneiden die deutschen KMUs im internationalen Vergleich nur mittelmäßig ab. In einer vom Bundeswirtschaftsministerium in Auftrag gegebenen Vergleichsstudie zum internationalen Digitalisierungsniveau erreichte Deutschland von maximal 100 möglichen Indexpunkten 53 und belegt damit lediglich Platz sechs. An der Spitze des Rankings lagen die USA (76 Punkte), Südkorea (70) und Großbritannien (65). Danach folgten Finnland (62) und Japan (58).

Ein detaillierter Blick auf den Digitalisierungsgrad des deutschen Mittelstandes zeigt, dass nur 19 Prozent einen vorbildlichen digitalen Status aufweisen, 49 Prozent durchschnittlich gerüstet sind und sich 32 Prozent noch auf einem sehr niedrigen Digitalisierungslevel befinden. Doch was heißt das genau? Aufschluss gibt eine Untersuchung der Kreditanstalt für Wiederaufbau (KfW) vom Frühjahr 2018.

Welchen Stellenwert nimmt die digitale Transformation auf der Prioritätenliste in Ihrem Unternehmen ein?

In nur 6 Prozent der Großunternehmen in Deutschland ist die digitale Transformation das Top-Thema!

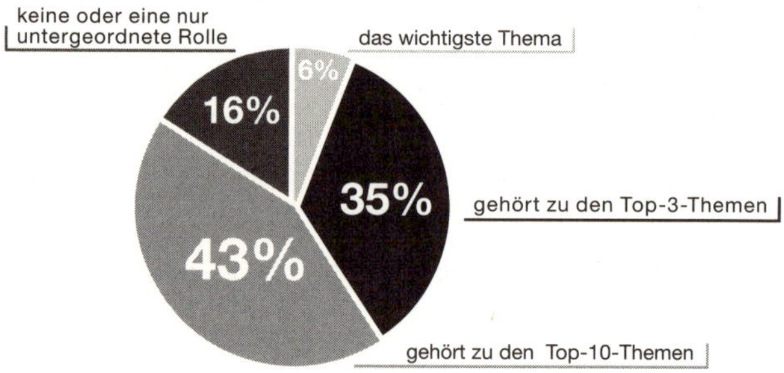

Quelle: etventure-Studie 2016

Digitalisierungsstufe 1: digitale Basisinfrastruktur

32 Prozent aller mittelständischen Unternehmen befinden sich noch auf der Digitalisierungsstufe 1. Das heißt, sie arbeiten mit PCs, haben Internetzugang sowie eine eigene Webseite und verfügen über eine grundlegende interne Dateninfrastruktur. Bei den Softwareanwendungen kommt

dem ERP-System eine Schlüsselfunktion zu, da hierdurch die zentrale Steuerung des Wertschöpfungsprozesses ermöglicht wird. ERP-Software wird insbesondere zur Planung, Kalkulation und Steuerung betrieblicher Prozesse über einzelne Unternehmensbereiche hinweg verwendet. Zudem kann ERP als Integrationsplattform für spezifische Anwendungen wie Supply Chain Management (SCM) oder Customer Relationship Management (CRM) genutzt werden. Unternehmen, die bereits heute ERP einsetzen, haben somit die Grundlagen für Digitalisierungsstufe 2 gelegt. Denn ERP kann jederzeit mit anderen Anwendungen höherer Digitalisierungsstufen verknüpft werden.

Digitalisierungsstufe 2: vernetzte Information und Kommunikation

Nahezu die Hälfte der mittelständischen Unternehmen lässt sich in die Digitalisierungsstufe 2 einordnen. Durch die systematische Auswertung großer Datenmengen und den Einsatz von Kollaborationstools existiert hier eine vernetzte Informations- und Kommunikationsinfrastruktur. Für den flexiblen Zugriff auf technische Ressourcen und Daten nutzen viele Unternehmen Cloud Computing. Internetwerbung, Social Media und Online-Recruiting ist für diese Unternehmen ebenso selbstverständlich wie die Ausstattung ihrer Mitarbeiter mit mobilen Endgeräten. Um die Potenziale vernetzter Information und Kommunikation bestmöglich ausschöpfen zu können, setzen Unternehmen der Digitalisierungsstufe 2 nicht auf Insellösungen, sondern verfolgen eine unternehmensübergreifende Digitalisierungsstrategie. Sie bildet eine gute Voraussetzung, um in einem nächsten Schritt Produkte und Dienstleistungen miteinander zu vernetzen. Unternehmen, die sich mit dem Thema Digitalisierung strategisch auseinandersetzen, sehen IT nicht nur als Kostenfaktor, sondern als Basis für Innovation.

Digitalisierungsstufe 3: vernetzte Produkte und Dienstleistungen

Bei den 19 Prozent der Mittelständler, die einen vorbildlichen Digitalisierungsgrad aufweisen, rückt die digitale Vernetzung ins Zentrum der Wertschöpfung. Denn neben Informationen und der Kommunikation sind hier auch Produkte und Dienstleistungen miteinander vernetzt. Während die Digitalisierung in den Stufen 1 und 2 dazu dient, Produktion, Service und Vertrieb effizienter zu machen, verlagern sich zentrale Elemente der Wertschöpfung in der dritten Stufe zunehmend selbst ins Internet. Kennzeichnend für Digitalisierungsstufe 3 ist die Nutzung von Apps, die Planung oder Einführung von Projekten im Bereich Industrie 4.0 sowie ein stark digitales Geschäftsmodell. Allerdings stehen die meisten Unternehmen noch am Anfang der Digitalisierungsstufe 3. Auch bei Vorreiterunternehmen besteht also noch Ausbaupotenzial.

Geringe Investition in Digitalisierungsprojekte

Von den mittelständischen Unternehmen in Deutschland haben laut KfW 2016 nur rund 25 Prozent in den Einsatz neuer oder verbesserter digitaler Technologien investiert. Insgesamt belief sich das Investitionsvolumen auf 14 Milliarden Euro. Im Vergleich zu 169 Milliarden Euro, die in Maschinen und Gebäude gesteckt wurden, ist dies eine verschwindend geringe Summe. Im Durchschnitt gab jedes Unternehmen damit lauf KfW-Berechnungen lediglich 18 000 Euro für Digitalisierungsprojekte aus. Den Schwerpunkt der Vorhaben bildeten die Erneuerung von IT-Strukturen (54 Prozent) und die Digitalisierung der Kommunikation mit Kunden und Zulieferern (52 Prozent). Interessant ist, dass alle mittelständischen Unternehmen davon ausgehen, dass sich der Wettbewerb durch die fortschreitende Digitalisierung verschärft. 52 Prozent rechnen damit, dass der Druck zu einer flexiblen Reaktion auf Kundenwünsche zunehmen wird, 36 Prozent erwarten einen zunehmenden Preisdruck. Das Bewusstsein ist also da, gehandelt wird allerdings trotzdem nicht.

Kleine Unternehmen investieren selten Geld ins digitale Geschäft

Investiert Ihr Unternehmen in diesem Jahr gezielt in die Entwicklung digitaler Geschäftsmodelle?

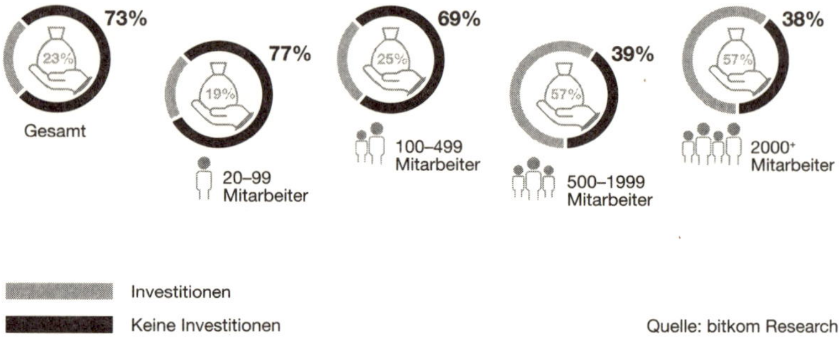

Quelle: bitkom Research

IT-Sicherheit als größte Digitalisierungshürde

Datenschutz und Datensicherheit stellen für den deutschen Mittelstand eines der größten Hindernisse bei der Digitalisierung dar. Will man die Chancen der Digitalisierung nicht aufs Spiel setzen, muss es seitens der Unternehmen mehr Engagement geben, diese Hindernisse zu beseitigen. Das wird möglich durch die Einbindung externer IT-Sicherheitsexperten oder durch den Aufbau eigener personeller Ressourcen. Darüber hinaus ist selbstverständlich auch die Politik gefragt: Neben gesetzlichen Regelungen muss sie über IT- und Netzwerksicherheit aufklären, Präventivmaßnahmen fördern und die Effektivität der Strafverfolgungsbehörden für Cybercrime-Vorfälle verbessern.

Da es – wie in allen anderen Bereichen unseres Lebens auch – keine 100-prozentige Sicherheit gibt, wird sich die

Wirtschaft mit digitalen Cyberattacken genauso arrangieren müssen wie mit konventioneller Wirtschaftskriminalität. Risiken lassen sich nicht vollständig vermeiden, aber es ist möglich, sich bestmöglich gegen sie zu wappnen.

Zwischenfazit: Mittelstand liegt digital hinter Konzernen

Während große Unternehmen die digitale Transformation bereits anpacken, wartet der Mittelstand noch ab. Bisher hat nur ein Bruchteil der KMUs seine Produktionsprozesse digitalisiert. Jedem sechsten Unternehmen geht Umsatz verloren, weil es aus Angst vor IT-Sicherheitsvorfällen seine Digitalisierung nicht ausreichend vorantreibt.

IT-Sicherheitsgrad im deutschen Mittelstand

Laut des *DsiN-Sicherheitsmonitors 2016 Mittelstand* (Herausgeber ist der Verein Deutschland sicher im Netz e.V. gemeinsam mit der DATEV eG) bewegt sich das IT-Sicherheitsniveau kleiner und mittlerer Unternehmen weiterhin auf niedrigem Niveau. Auch die öffentliche Diskussion über Cyberkriminalität sowie die tägliche Berichterstattung über Hackerangriffe und Erpressersoftware haben daran wenig verändert. Grundlage des *DsiN-Sicherheitsmonitors 2016 Mittelstand* bildet der DsiN-Sicherheits-Check, an dem seit 2011 insgesamt rund 8600 Unternehmer teilgenommen haben. Ziel des Sicherheits-Checks ist die Ermittlung von Schwachstellen, um daraus wirksame Aufklärungsmaßnahmen für den digitalen Schutz zu entwickeln.

Werfen wir einen detaillierten Blick auf die Studienergebnisse 2016: Der Digitalisierungsdruck im Mittelstand wird durch weitere gesetzliche Regelungen wie die Datenschutz-Grundverordnung (DSGVO), E-Governance, steuerrechtliche Änderungen und auch durch ein geändertes Kundenverhalten im E-Commerce verstärkt. Doch kleine und mittelständische Unternehmen haben Unsicherheiten in der Anwendung digitaler Dienste und teils auch berechtigte Ängste vor den Gefahren.

Mittelständler werden am häufigsten angegriffen

War Ihr Industrieunternehmen innerhalb der letzten 2 Jahre von Datendiebstahl, Industriespionage oder Sabotage betroffen?

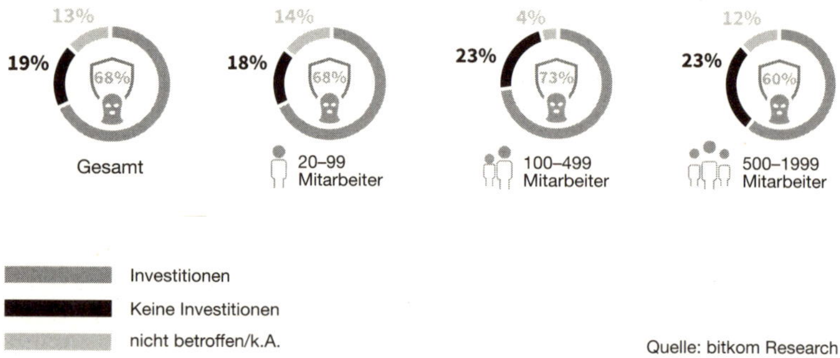

Quelle: bitkom Research

Große Unsicherheit in Sachen IT-Sicherheit

60 Prozent der kleinen und mittelständischen Unternehmen sind die Risiken und rechtlichen Anforderungen von E-Mail und Internet immer noch nicht bekannt. Obwohl die Nutzung von mobilen Endgeräten wie Smartphones deutlich zugenommen hat, sind 17 Prozent dieser Geräte nicht gesichert und stellen damit für viele KMUs eine ernst zu nehmende Schwachstelle der IT-Sicherheit dar. Nahezu 60 Prozent der Unternehmen ergreifen zwar Maßnahmen zum Schutz ihrer mobilen Endgeräte, haben aber Zweifel,

ob sie ausreichend sind. Die Unsicherheit hinsichtlich der Sicherheitsanforderungen setzt sich beim Thema Cloud Computing fort. Weniger als ein Drittel der KMUs, die Cloud Computing nutzen, kennen sich mit der Cloud-Sicherheit aus.

Keine durchgängige Sicherheitsarchitektur

Zwar nutzen alle Unternehmen Basis-Schutzmaßnahmen, eine durchgängige Sicherheitsarchitektur findet sich aber in den wenigsten Firmen. Stattdessen setzt der Mittelstand auf unterschiedliche technische Insellösungen: So sind Passwörter mit 84 Prozent die populärste Sicherheitsvorkehrung zum Schutz von IT-Systemen, die zweitwichtigste Sicherheitsmaßnahme ist das gezielte Managen von Zugriffsrechten mit 56 Prozent. Über 70 Prozent nutzen keine Festplattenverschlüsselung. Aufgrund des oft fehlenden Know-hows und der unterschiedlichen Beratungsebenen von Partnern, mangelt es häufig an strukturierten IT-Sicherheitskonzepten. Die vermeintliche Sicherheit, die durch die einzelnen Maßnahmen erreicht werden soll, ist oft nur eine subjektive Wahrnehmung der Verantwortlichen. Solange keine konsequenten und übergreifenden organisatorischen und technischen Maßnahmen ergriffen werden, gelingt es Angreifern oft, zwischen den einzelnen Sicherheitsinseln in die Systeme nahezu ungehindert einzudringen. Aber dazu kommen wir im Kapitel IT-Sicherheitsarchitektur noch einmal ausführlicher.

Ungeschützter E-Mail-Verkehr als Hauptsicherheitsrisiko

Beim Versenden von E-Mails sind KMUs besonders leichtsinnig. Über 50 Prozent verzichten beim Versand auf verschlüsselte Übertragungsprotokolle oder gar verschlüsselte E-Mails. Passwortschutz für Dokumente, Verschlüsselung für Anhänge oder die elektronische Signatur werden von weniger als 20 Prozent genutzt.

Zur Absicherung des Internetzugangs setzen nahezu alle Unternehmen Virenscanner und Spamfilter ein. Zunehmend mehr, aber mit weniger als 40 Prozent noch immer vergleichsweise wenig, finden die folgenden Schutzmaßnahmen Anwendung: Firewalls mit URL-Filter, die den Zugriff auf illegale oder mit Malware (Schadsoftware) infizierte Webseiten unterbinden, Reporting- und Monitoring-Tools sowie Intrusion-Detection- und Intrusion-Prevention-Systeme, die Angriffe, Missbrauchsversuche oder Sicherheitsverletzungen erkennen.

Drei Viertel der Mitarbeiter haben kein IT-Sicherheitsbewusstsein

Bei den organisatorischen Maßnahmen rund um die IT-Sicherheit gibt es seit drei Jahren so gut wie keine nennenswerten Fortschritte. So existieren zwar in mehr als der Hälfte der kleinen und mittelständischen Unternehmen geregelte Verantwortlichkeiten, 70 Prozent haben aber weder ein von der Geschäftsleitung getragenes Sicherheitskonzept noch dokumentierte Sicherheitsrichtlinien. Nur 27 Prozent schulen ihre Mitarbeiter in Sachen IT-Sicherheit. Angesichts einer Zunahme von Angriffen sind dies alarmierende Zahlen. Zumal die Aufklärung von Mitarbeitern die beste Maßnahme gegen Cyberangriffe ist.

Zumindest haben fast 80 Prozent der Unternehmen eine Benutzerverwaltung als Schutzmaßnahme eingeführt. Allerdings haben die Mitarbeiter in jedem vierten Unternehmen immer noch Zugriff auf alle Daten. Dabei ist die Benutzer- und Zugriffsrechteverwaltung eine effektive und wichtige Schutzmaßnahme, die die Datensicherheit in Unternehmen erheblich erhöht.

Nur jedes vierte Unternehmen hat einen Notfallplan

Fast 80 Prozent der KMUs führen Sicherheits-Updates durch, allerdings installieren sie 28 Prozent nicht zeitnah und 4 Prozent gar nicht. Zudem haben 70 Prozent der Unternehmen keinen Notfallplan für den Fall eines Cyberangriffs oder Datenverlustes. Wie bei den präventiven Maßnahmen dominieren auch bei den reaktiven Maßnahmen Einzellösungen statt eines umfassenden Gesamtkonzepts. Da in den Medien nahezu täglich über neue Sicherheitslücken berichtet wird, ist dies äußerst fahrlässig.

Schlimmer noch: Im letzten Jahr ist der Anteil an Unternehmen, die ein Datensicherungskonzept haben, das die IT im Notfall betriebsfähig hält, sogar von 75 Prozent auf

71 Prozent gesunken. Eine bedenkliche Entwicklung, denn mit der fortschreitenden Digitalisierung nimmt sowohl die Bedeutung von Daten als auch die mit ihnen verbundenen Risiken zu.

Zwischenfazit: Ganzheitlicher Ansatz erforderlich

Trotz der öffentlichen Diskussion über Sicherheitsvorfälle und nahezu täglicher Berichterstattung über Cyber-Attacken stagnieren die Sicherheitsvorkehrungen kleiner und mittelständischer Unternehmen. Um die IT-Systeme nachhaltig zu sichern, reichen Insellösungen nicht aus. Gefordert sind ganzheitliche Konzepte, die neben präventiven auch reaktive Maßnahmen umfassen. Großes Verbesserungspotenzial besteht auch bei der Schulung der Mitarbeiter. Denn die Mitarbeiter stellen für viele Unternehmen eine der größten Sicherheitslücken dar.

Datenverluste und Datenvorfälle als Bedrohung für den Mittelstand

2017 verloren 37 Prozent der mittelständischen deutschen Unternehmen Geschäftsdaten durch Cyberkriminalität, menschliches Versagen oder Hardware-Ausfälle. Der wirtschaftliche Schaden belief sich pro Fall auf rund 560 000 Euro. Die Datenverluste dürften vermutlich genau diejenigen Unternehmen getroffen haben, die einen unterdurchschnittlichen bis mittelmäßigen Digitalisierungs- und IT-Sicherheitsgrad aufweisen.

Daten werden nicht ohne Grund auch als Rohstoff des 21. Jahrhunderts bezeichnet. Und wenn so viele Inhalte auf Unternehmensservern, in Speicherfarmen und bei Cloud-Diensten liegen, ist naturgemäß die Gefahr sehr groß, dass sich auch Fremde dafür interessieren. Wenn aber Informationen gestohlen werden, erhalten Unbefugte Zugriff auf personenbezogene Daten, Staats- oder Betriebsgeheimnisse und können diese lesen, kopieren, verarbeiten, stehlen, verändern oder auch löschen, und zwar bewusst oder unbewusst, analog oder in elektronischer Form, als Kopie oder im Original.

Für die entsprechenden Organisationen, bei denen Datenpannen auftreten, können solche Vorfälle gravierende wirtschaftliche Schäden bedeuten, etwa Umsatzeinbrüche, der Verlust von Kunden, Aufwendungen zur Wiederherstellung der Systeme, eingehende Untersuchungen des Vorfalls, Meldungen an die betroffenen Personen, Geldbußen und Imageschäden. Persönlich betroffen sind dabei naturgemäß die Personen, um deren Daten es geht. Sie sind nun der Gefahr eines Identitätsdiebstahls, wirtschaftlicher Nachteile und auch Reputationsschäden ausgesetzt.

Kosten von Datenpannen

Das amerikanische Ponemon-Institut untersucht regelmäßig für IBM Security die Kosten von Datenpannen in der *Cost of Data Breach Study: Global Overview.*[1] Die durchschnittlichen Kosten je Datenvorfall lagen in den aktuellsten Studienergebnissen aus 2018 bei 3,86 Millionen US-Dollar.

Die Durchschnittskosten für jeden verlorenen oder gestohlenen Datensatz – bezogen auf eine identifizierbare Person – beliefen sich in der aktuellen Studie aus 2018 auf 148 Dollar, mit einer leichten Zunahme im Vergleich zum Vorjahr, wobei die Zahlen weltweit stark auseinandergehen. Deutschland liegt jedoch mit 188 Dollar auf Platz 3 hinter den USA und Kanada. Die befragten Firmen meldeten weiterhin, dass die jeweilige Höhe der Datenschutzverletzungen leicht gestiegen sei. Wenig überraschend: Organisationen aus dem Gesundheitsbereich und Finanzinstitute hatten mit 408 Dollar und 206 Dollar die höchsten Kosten pro Datensatz im Branchenvergleich.

Dabei berechnen sich die direkten und indirekten Kosten im Zusammenhang mit der jeweiligen Datenpanne etwa aus dem Verlust von Kunden/Umsatzeinbruch und der direkten Reaktion auf den Diebstahl/den Verlust. Die Liste weiterer Kostenfaktoren hat es in sich und mag als Warnung an all jene dienen, die das Thema Datensicherheit auf die leichte Schulter nehmen: rechtliche und andere Untersuchungen, Analyse- und Audit-Dienstleistungen, Krisenmanagement, interne und externe Kommunikation, darunter mit Kunden und Behörden, Rechtskosten, Bußgelder, Berater oder Rabatte für betroffene Kunden. Sicherheitsvorkehrungen und IT-Investitionen, um solche Vorfälle in Zukunft auszuschließen, gehören nicht zu diesen Kosten, sondern kommen noch obendrauf. Naturgemäß schwanken die Kosten zwischen den Ländern stark, was nicht unbedingt an der jeweiligen Kostenstruktur liegt, sondern auch an den lokalen Umständen. Aufwendungen in puncto Kundenkommunikation sind etwa in den USA extrem hoch.

Dauer zur Erkennung und Beseitigung

Die erforderliche Zeit, die eine Organisation zur Erkennung einer Datenschutzverletzung benötigt, ist außerordentlich hoch. Sie liegt bei durchschnittlich 197 Tagen, wobei es bei bösartigen und kriminellen Angriffen mit 221 Tagen noch länger dauert und Systempannen und menschliche Fehler rascher entdeckt werden. Um auf Datenpannen zu reagieren, den Fehler zu beseitigen und das System wiederherzustellen, sind weitere 81 Tage nötig.[2] Je länger all dies dauert, desto höher sind naturgemäß die Kosten für die Organisationen.

Zukunftsprognose für Datenvorfälle

Beunruhigend ist dabei die Wahrscheinlichkeit, mit der eine Organisation eine Datenpanne innerhalb der kommenden zwei Jahre erleidet: Sie liegt laut der Studie bei knapp 28 Prozent, mit steigender Tendenz, allerdings stark schwankend. Der Standort ist hier ein entscheidender Faktor: Deutschland liegt dabei erstaunlicherweise auf dem positiven letzten Platz mit nur einer Wahrscheinlichkeit von 14,3 Prozent, dass eine Datenschutzverletzung eintritt (bei einem angenommenen Minimum von 10 000 personenbezogenen Daten).

Zwischenfazit: Steigerung der IT-Sicherheit erforderlich

Die IT-Sicherheit zu erhöhen, ist also eine wichtige Komponente für ein Unternehmen und vor allem auch staatliche Organisationen, um Daten zu schützen, die Digitalisierung sicher zu gestalten und gerade von ihren Möglichkeiten zu profitieren. Die Höhe der Folgekosten von Datenvorfällen von jeweils bis zu mehreren Millionen Dollar sollte aufzeigen, dass es hier vor allem um den Schutz von Unternehmenswerten geht.

Dabei ist eines klar: Die Rahmenbedingungen werden immer komplexer und die Erfassung unter anderem auch personenbezogener Daten zunehmend automatisierter. Seit einem guten Jahrzehnt auch vor dem Hintergrund der sozialen Netzwerke und je nach Branche, Kontext und Medium haben personenbezogene Daten auch eine unterschiedliche Schutzbedürftigkeit.

Leichtes Spiel für Hacker

Um an Kundendaten zu gelangen, ist hohe kriminelle Energie notwendig – und spezielle Programmier- und IT-Kenntnisse. Doch oft nicht einmal das. Die russisch-ukrainischen Hacker, die 2013 und 2014 die amerikanischen Handelsketten Target und Home Depot angriffen und dort über insgesamt knapp 96 Millionen Kreditkartendaten stahlen, haben keinerlei Spezialwerkzeuge verwendet. Im Gegenteil: »Die benutzte Software ist absolut lasch und uninteressant«, sagte Jim Walter, Abteilungsleiter für Threat Intelligence Operations der IT-Sicherheitsfirma McAfee. Mit anderen Worten: Der Datendiebstahl hätte mit herkömmlicher Anti-Virus-Software leicht verhindert werden können, zumal die Unternehmen gewarnt worden waren.

Je stärker unser Arbeitsumfeld IT- und datengetrieben ist, umso mehr Angriffsflächen bieten sich. Dabei startet die Arbeit der Kriminellen oft in unserem Privathaushalt. Wobei es nicht um uns persönlich geht, sondern um die geballte Schlagkraft von beispielsweise 900 000 Telekomroutern, die Ende 2016 für Großangriffe auf die Systeme von Konzernen genutzt wurden. Leider steigt mit der sonst so wünschenswerten Vernetzung der Länder und Geräte auch die Verwundbarkeit. Denn alle Organisationen greifen nur auf wenige Softwaresysteme, Gerätehersteller, Speicherfarmen oder IT-Werkzeuge zurück. Die weltweite Vernetzung, die durch ihren dezentralen Charakter eigentlich einen Sicherheitsfaktor darstellen sollte, kann damit ins Gegenteil umschlagen.

Gründe für Datenverluste und Sicherheitsprobleme

Laut einer aktuellen Sicherheitsstudie von IBM gehen rund 70 Prozent der Datenverluste auf Hackeraktivitäten und Cyberangriffe zurück. Im Vergleich zum vergangenen Jahr entspricht dies einem Anstieg um 556 Prozent. Herkömmliche Schutzmechanismen wie Virenschutzsoftware sind daher zwar ein guter Anfang, aber bei Weitem nicht mehr ausreichend. Zum Schutz ihrer geschäftskritischen Daten vor Cyberangriffen müssen Unternehmen in eine umfassende Sicherheitsinfrastruktur investieren – und zwar von der Gerätesicherheit bis hin zu zentralisierten Lösungen für die geräteferne Datenspeicherung.

Auf Platz zwei der IT-Sicherheitsrisiken liegen laut IBM die eigenen Mitarbeiter. Neben Bedienfehlern wie dem versehentlichen Löschen oder falschen Formatieren von Daten ist es häufig auch die Verwendung nicht genehmigter IT-Systeme und -Lösungen, mit denen Mitarbeiter ihre Arbeitgeber einem erhöhten Sicherheitsrisiko aussetzen. Die sicherste Lösung ist in diesem Fall die automatische Einrichtung von Datensicherungsprozessen. Eine weitere wichtige Maßnahme ist eine umfassende Schulung der Mitarbeiter rund um die IT-Sicherheit.

Die dritthäufigste Ursache von Datenvorfällen sind Hardwareausfälle aufgrund von Beschädigung. Dazu zählen etwa Sturzschäden durch fahrlässigen Umgang mit empfindlichen Datenträgern. Bei herkömmlichen Festplatten äußern sich solche Probleme oft durch Schäden an den Schreib-/Leseköpfen, Lagern oder Antriebstechnologien. Auch elektronische Defekte treten oft durch Überspannung oder mangelhafte Elektroanlagen auf. Durch äußere Einflüsse wie Feuer und Wasser kommt es ebenfalls zu teils irreparablen Beschädigungen von Datenträgern. Im Server- und Enterprise-Bereich liegen die Ursachen für Datenverluste ebenfalls oft bei menschlichen Fehlern. Neben Sabotage erzeugen häufig Administrationsfehler beschädigte Daten innerhalb eines Verbundes mehrerer Festplatten oder an virtuellen Systemen.

Ursache für den Datenverlust

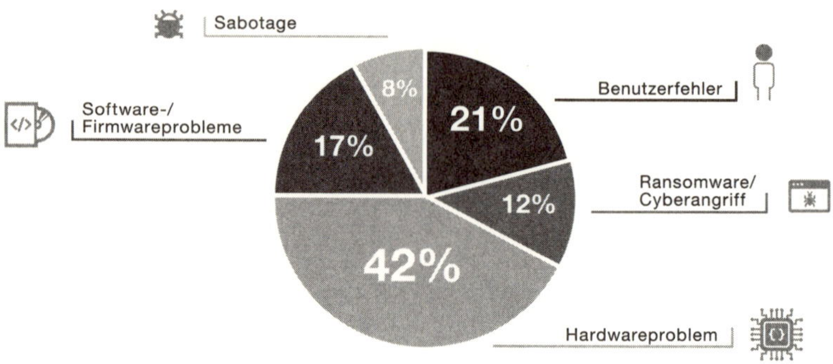

Quelle: Datarecovery

Die alljährliche IBM-Studie vom Ponemon-Institut benennt mit bösartigen und kriminellen Attacken ebenfalls den Hauptverursacher von Datenschutzverletzungen. Bezogen auf alle Datenpannen machen solche Angriffe und Einbrüche jedoch nur die Hälfte der Ursachen aus – Systemausfälle/-fehler und menschliches Fehlverhalten stehen für jeweils ein Viertel der anderen Gründe, wobei in Deutschland Systemabstürze mit 34 Prozent deutlich häufiger vorkommen als menschliche Fehler mit 20 Prozent.[3]

Nach einer aktuellen Version der Studie sind fast 60 Prozent der Betroffenen kleine und mittlere Unternehmen (KMU). Erwartungsgemäß sind fast ausschließlich digitale Datenformate betroffen: Nur 6 Prozent der Vorfälle im Jahr 2016 betrafen übrigens reale Dokumente, bei der Anzahl der Daten waren es sogar nur weniger als 0,1 Prozent.

Hacker und Datendiebe gehen nicht unbedingt gezielt vor. Sie nutzen die »Schrotflinte«, wie es der amerikanische Telekommunikationskonzern Verizon sagt, streuen also ihre Attacken und steigen bei jenen Organisationen ein, wo jemand etwa auf Phishing-Attacken reagiert, um dann ihre Aktionen zu starten. Dabei geht es meist um Geld. 73 Prozent der Einbrüche hatten finanzielle Interessen, was in der Regel mit einer Erpressung verbunden ist. Bei 21 Prozent handelte es sich um Spionage/Firmenspionage. Warum aber passiert so viel? Die Antwort ist laut Verizon ganz simpel: »Viele Organisationen nutzen immer noch veraltete Schutzmechanismen.«[4]

Verschiedene Formen der Attacken

Verizon hat in seinem *Data Breach Investigations Report* neun Muster herausgearbeitet, die 88 Prozent aller Attacken ausmachen. Ich habe einige davon bereits angesprochen, hier ist eine weitere Auswahl:

- *Crimeware/Erpressungsoftware* ist die Nummer fünf bei Schadsoftware-Attacken, die Bedeutung hat stark zugenommen. Dabei werden die Dateien einfach blockiert und nur gegen ein Lösegeld (etwa Bitcoins) wieder herausgegeben – wenn überhaupt.
- *Spionage/Firmenspionage:* ausgeführt von staatlichen Stellen oder anderen Unternehmen, um Betriebsgeheimnisse abzuziehen. Meist läuft der Zutritt auf

das System über eine Reihe bösartiger E-Mails über einen längeren Zeitraum, der zum Ausspionieren genutzt wird.

- *Unbefugter interner Zugriff:* In 60 Prozent der »internen Einbrüche« stehlen Täter die Daten in der vagen Hoffnung, aus den Daten irgendwie Geld machen zu können. In 17 Prozent der Fälle werden sie entdeckt, aber es wird nicht sanktioniert, bei 15 Prozent werden die Daten zu einem neuen Arbeitgeber mitgenommen oder genutzt, um eine Konkurrenzfirma zu eröffnen.
- *Verschiedene Fehler* wie offener Zugang zu internen Seiten und vertraulichen Dokumenten, oft verursacht durch Unachtsamkeit. In 76 Prozent der Fälle werden Unternehmen durch Kunden darauf aufmerksam gemacht.
- *Kassen/Kassensysteme:* 98 Prozent aller Angriffe führen zu Datenzugriffen. Zielgruppe waren früher Hotels, jetzt eher Restaurants und kleine Unternehmen.
- *Physischer Verlust:* durch Diebstahl und Verlieren. Verschlüsselung hilft in einigen Fällen, sodass aus dem physischen Verlust keine Datenschutzverletzung wird. Bei Papierdokumenten geht dies natürlich nicht.
- *Web Application Attack:* Viele Internetseiten sind nicht ausreichend gesichert, wenn sich Kunden anmelden und ihre Daten, darunter Kreditkarten- oder Kontoinformationen, angeben. Kriminelle können so an diese Daten herankommen und sie anderweitig nutzen.

Die zehn häufigsten Formen von Cyber-Attacken

Die nach Ansicht von Experten in den kommenden drei Jahren vorherrschenden Formen von Cyber-Attacken oder -Bedrohungen

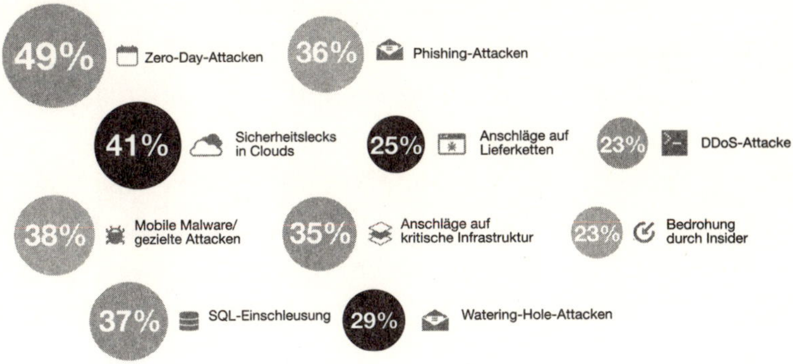

Quelle: 2015 Global Megatrends in Cybersecurity/Ponemon Institute, Research Report

Drei exemplarische Beispiele

Schauen wir uns im Folgenden drei Datenverlust-Szenarien anhand fiktiver Beispiele etwas genauer an:

Wie die gesamte Gesundheitsbranche, die im Digitalisierungsranking auf einem der hintersten Plätze liegt, weist auch die Zahnarztpraxis »Alte Schule« einen niedrigen Digitalisierungsgrad auf. Man arbeitet mit PCs, hat einen Internetzugang, eine eigene Webseite und verfügt über eine grundlegende interne Dateninfrastruktur. Die IT-Sicherheit beschränkt sich auf eine Firewall, eine Virenschutzsoftware und einen Passwortschutz. Bei der Beantwortung der täglichen E-Mails lädt die Sprechstundenhilfe den Anhang eines Dentalversandhändlers herunter, der mit besonders günstigen Preisen wirbt. Plötzlich erscheint auf dem Monitor eine rote Fläche mit dem Hinweis, dass alle Daten auf dem Server verschlüsselt worden sind und nur gegen eine Zahlung von 10 000 Euro in Bitcoins wieder freigegeben werden. Ein typischer Fall eines Cyberangriffs mit Ransomware.

Nicht nur große Konzerne, sondern auch kleine und mittelständische Unternehmen werden immer häufiger Ziel von Attacken mit Ransomware & Co. Laut eines Berichts der *Wirtschaftswoche* erfolgen auf jedes deutsche Unternehmen rund 100 Hackerangriffe pro Jahr. Die Erfolgsquote der Cyberkriminellen liegt dabei bei 30 Prozent. Wie im Fall der fiktiven Zahnarztpraxis werden die Erpressungs-Trojaner über E-Mail-Anhänge oder infizierte Internetseiten eingeschleust. Der beste Schutz vor Ransomware ist eine mehrstufig aufgebaute Abwehrstrategie: Anhänge von E-Mails mit unbekanntem Absender sollten grundsätzlich weder heruntergeladen noch geöffnet werden. Teilweise benutzen Cyberkriminelle jedoch reale Firmennamen und fälschen das Layout und die Absenderdaten so gut, dass sie vom Original kaum zu unterscheiden sind. Im Zweifel hilft ein Check unter: http://www.onlinewarnungen.de/warnungsticker. Dort sind alle aktuellen Cyberangriffe aufgelistet. Wichtig ist es auch, Firmware, Firewall und Antivirenprogramme ständig zu aktualisieren. Regelmäßige Backups der Unternehmensdaten sollten zudem in jedem Unternehmen selbstverständlich sein. Darüber hinaus gibt es im Internet Programme, die Erpressungstrojaner identifizieren und automatisch abblocken – allerdings nur die bereits bekannten.

Sollten die Daten wie im Fall der fiktiven Zahnarztpraxis gekapert worden sein, sollte man sich an die Polizei wenden und auf keinen Fall auf die Lösegeldforderungen eingehen. IT-Forensik-Unternehmen können die Daten oft wiederherstellen und den Ermittlungsbehörden entscheidende Hinweise auf die Täter geben.

Die Hotelkette »Nicht mehr als nötig« verfügt über eine konzernübergreifende Digitalisierungsstrategie. Alle Mitarbeiter arbeiten auf mobilen Endgeräten, Online-Buchungssysteme werden ebenso selbstverständlich genutzt wie digitale Zimmerschlüssel. Die zwölf Hotel-Standorte sind miteinander vernetzt. Der Server für alle Standorte steht in der Hamburger Zentrale. Aufgrund eines Defekts der Klimaanlage heizt sich der Serverraum auf 55 Grad Celsius auf – eine Temperatur, der keine Hardware über einen längeren Zeitraum standhält. Da keine mobilen Ersatzklimageräte zur Verfügung stehen und von den Angestellten zunächst niemand das Problem im Serverraum bemerkt, kommt es, wie es kommen muss: Mehrere Festplatten fallen nacheinander aufgrund von Überhitzung aus. Glücklicherweise gehören tägliche Backups zum IT-Sicherheitskonzept der Hotelkette, sodass sich die Datenverluste in Grenzen halten. Statt aller Daten sind »nur« die Daten des letzten Tages verloren gegangen und müssen von einem professionellen Datenrettungsunternehmen wiederhergestellt werden.

Nach einer Studie des Unternehmens techconsult, das sich mit der Analyse und Marktforschung im IT-Bereich befasst, kommt es bei kleinen und mittelständischen Unternehmen im Durchschnitt zu vier Serverausfällen pro Jahr. Dabei verursacht jeder Ausfall rund 25 000 Euro

Kosten pro Stunde. Rechnet man die Zeit für die Ausfallbehebung und Datenwiederherstellung mit ein, belaufen sich die jährlichen Kosten auf 380 000 Euro pro Unternehmen. Denn die Wiederherstellung von RAID-Systemen (Redundant Array of Independent Disks, zu Deutsch redundante Anordnung unabhängiger Festplatten) ist extrem anspruchsvoll und gilt unter Datenrettungsexperten als »Königsdisziplin«.

Um Ausfallszenarien wie bei der beschriebenen Hotelkette zu vermeiden, empfiehlt es sich, im IT-Sicherheitskonzept zumindest einen zweiten Server als Stand-by-System vorzusehen, der den Primärserver im Ernstfall absichert, falls dieser aufgrund eines Hard- oder Softwarefehlers ausfällt. Geeignete Clustersysteme von Rechenzentrenbetreibern reduzieren hardwaregetriebene Datenverluste auf ein minimales Risiko.

Der Werkzeugbaubetrieb »Ich bin auf Zack« stellt Hybrid-Baugruppen für die Serienfertigung in der Automobilindustrie her. Wie die Automobilbranche selbst ist auch der Zulieferer »Ich bin auf Zack« Vorreiter bei der Industrie 4.0. Alle Produkte, Prozesse und Projekte sind weitestgehend vernetzt. Ebenso wie die drei Standorte des Unternehmens, die über gesicherte VPN-Netze (Virtual Private Network) miteinander verbunden sind. Der Betrieb ist auch in puncto IT-Sicherheit auf Zack: Er hat ein IT-Sicherheitskonzept, ist ISO-27001-zertifiziert und verfügt über einen IT-Notfallplan. Dieser greift sofort, als der aushelfende IT-Administrator aus Versehen eine logische Festplatte (LUN) im virtuellen Verbund löscht. Da der IT-Sicherheitsverantwortliche in Urlaub ist, wird sofort sein Vertreter benachrichtigt. Weil permanente Backups im Werkzeugbetrieb ein elementarer Bestandteil des IT-Sicherheitskonzeptes sind, können die gelöschten Daten des LUN innerhalb kürzester Zeit auf den Server zurückgesichert werden.

Die häufigste Ursache für Datenverluste bei virtuellen Systemen ist menschliches Versagen. In 32 Prozent der Fälle werden virtuelle Maschinen, LUNs und Snapshots versehentlich gelöscht oder wichtige Metadaten durch unbedachte Klicks überschrieben. Die Administration von virtuellen Umgebungen ist anspruchsvoll, da zur Verwaltung und Wartung des Hypervisors sowie der virtuellen Computer spezielles Know-how notwendig ist. Da sich die Daten nicht auf klassischen Datenträgern befinden, sondern hinter verschiedenen Abstraktionsschichten verborgen sind, ist auch die Wiederherstellung von gelöschten Daten deutlich komplexer.

Wie wichtig ein gut funktionierender Notfallplan ist, zeigt das Beispiel des fiktiven Werkzeugbau-Unternehmens. Trotzdem hat nur rund die Hälfte der kleinen und mittelständischen Unternehmen einen entsprechenden Plan in der Schublade – in Firmen mit weniger als zehn Mitarbeitern sind es sogar nur 29 Prozent.

Experteninterview mit Prof. Dr. Martin Uzik

Berlin Institute of Finance Innovation and Digitalization

Was ist aus Ihrer Sicht die größte Herausforderung im Bereich IT-Sicherheit?

Die Beibehaltung der Übersicht und Kontrolle. Insbesondere mit der zunehmenden Technologisierung – durch IoT (Internet of Things/Internet der Dinge) soll ja künftig alles vernetzt werden und in Kommunikation stehen – alles wird zunehmend komplexer. Zudem werden die Cloud-Dienste stark von Unternehmen nachgefragt. Aber auch die Mitarbeiterloyalität wird eine besondere Rolle spielen. Es ist nicht auszuschließen – und das geschieht sehr oft, als Beispiel können Sie den Ankauf der Steuer-CDs nennen –, dass die Mitarbeiter und deren Berechtigungen innerhalb von IT-Unternehmenssystemen das schwächste Glied werden könnten.

Welche Sicherheitsfragen werden am häufigsten an die Experten in Ihrer Fachgruppe herangetragen?

»Sind unsere Daten in der Cloud sicher?«, das ist aktuell die häufigste der Fragestellungen. Allerdings sind oft auch relativ triviale Fragen nach Backups der sensiblen Daten und auch insbesondere in Verbindung mit der Nutzung der Cloud-Dienste häufig. Zunehmend werden jedoch auch Fragen, die mit der Sicherheit der Digitalen Identität (juristischer oder privater Personen) zusammenhängen, gestellt.

Wird dem Thema IT-Sicherheit ausreichend Bedeutung zugewiesen?

Ich glaube schon, allerdings fehlt es oft an bekannten Vorgehensweisen oder Mustern von Risiken/Angriffen. Hier ist noch viel (im negativen Sinne) an Kreativität der »Angreifer« vorhanden. Insofern sind standardisierte Abwehrmechanismen nicht immer hilfreich. Zudem macht mir insbesondere eine Aussage eines Austauschwissenschaftlers aus dem Ausland Sorge. Er meinte: »Grundsätzlich kann alles gehackt werden! Wer einen Weg sucht, der findet ihn. OFFLINE wäre der beste Schutz.« Allerdings wollte auch er nicht in die Steinzeit zurück und nutzte seine internetfähigen Geräte.

Welche Fehler sollten Betriebe bei der Umsetzung von Sicherheitslösungen unbedingt vermeiden?

Ohne jetzt eine lange Liste an Maßnahmen nennen zu wollen, würde ich eventuell einen eher unscheinbaren Punkt aufführen wollen: Schulung der Mitarbeiter in IT-Sicherheitsfragen. Die »Angreifer« müssen ein Tor finden, durch das in das IT-System des Unternehmens entweder etwas hinaus- oder hineinkommt. Der Faktor Mensch/Mitarbeiter spielt dabei eine entscheidende Rolle nicht nur als Risikofaktor, sondern auch als aufmerksamer IT-Risk-Controller, dem Ungereimtheiten auffallen.

Mitarbeiter als IT-Sicherheitsrisiko

Aufgrund ihres exzellenten Know-hows sind deutsche Unternehmen ein bevorzugtes Angriffsziel von Cyberkriminellen. In den vergangenen fünf Jahren hat sich die Zahl der Angriffe mehr als verdoppelt. Laut dem *Cyber Security Report* der Unternehmensberatung Deloitte müssen sich 50 Prozent aller mittelständischen Unternehmen mindestens einmal pro Woche gegen Cyberkriminelle verteidigen.

Welche Daten holen sich die Diebe? Laut *Data Breach Report Q1* des im Bereich Computer- und Netzwerksicherheit tätigen Unternehmens Risk Based Security[5] werden bei den meisten Datenschutzverletzungen E-Mail-Adressen, Passwörter und Namen entwendet. Doch fast jeder Einbruch zielt auf mehrere Daten ab, schließlich möchte der Kriminelle mit dem Namen und dem Passwort etwas anfangen. Insofern sind ein knappes Dutzend Datentypen gleichzeitig betroffen:

1. E-Mail: 42,6 Prozent
2. Passwörter: 38,1 Prozent

3. Name: 35,1 Prozent
4. Nutzername: 21,6 Prozent
5. Adresse: 20,4 Prozent
6. Sozialversicherungsnummer: 16,4 Prozent
7. Kreditkartennummer: 19,3 Prozent
8. Telefonnummer: 12,3 Prozent
9. Kontonummer: 9,9 Prozent
10. Medizinische Daten: 7,4 Prozent

Wenn Sie Ihre internen Netzwerke mit den Maßnahmen, auf die wir später noch eingehen, absichern, ist es selbst für erfahrene Hacker schwer, sich systemseitig Zugriff zu verschaffen. Da Menschen leichter zu »hacken« sind als Systeme, werden Mitarbeiter mehr und mehr zum bevorzugten Angriffsziel. Drei von vier Geschäftsführern halten menschliches Fehlverhalten für die größte Gefahr für ihre IT-Sicherheit. In der Regel stecken keine bösen Absichten dahinter, sondern eher Nachlässigkeit und Unwissenheit. Das folgende Kapitel zeigt Ihnen, wie Sie aus Ihren Mitarbeitern eine schlagkräftige Einsatztruppe im Kampf für mehr IT-Sicherheit machen können.

Social Hacking/Social Attacks

Beim Social Hacking, auch Social Attacks und allgemein Social Engineering genannt, verschaffen sich Cyberkriminelle durch Manipulation der Mitarbeiter Zugang zum Unternehmensnetzwerk. Antivirenprogramme, Firewalls und Passwortschutz helfen hier nicht, denn die Hacker greifen die menschliche Psyche an. Sie erschleichen sich das Vertrauen von Mitarbeitern und bringen diese durch geschickte psychologische Manipulationen dazu, sensible Informationen preiszugeben oder die unternehmensinternen Sicherheitsvorkehrungen zu umgehen und ihnen damit Zugang zum Unternehmensnetzwerk zu verschaffen.

Eine beliebte Masche sind Fake-Profile auf Job-Portalen, über die mit den Angestellten in der Personalabteilung Kontakt aufgenommen wird. Der kriminelle »Bewerber« stellt am Telefon Fragen zu der ausgeschriebenen Stelle, verwickelt den Mitarbeiter in ein nettes Gespräch und schickt ihm anschließend seine Bewerbung. Sobald der Mitarbeiter den Anhang des sympathischen Bewerbers öffnet, wird die Malware auf dem Computer ausgespielt. Dahinter kann sich eine Ransomware zur Lösegelderpressung befinden oder ein Trojaner, der die Tastaturanschläge für das Anmeldepasswort aufzeichnet und an den Angreifer zurücksendet. Ein weiteres häufiges Angriffsszenario ist der Hotline-Anruf. Hier gibt sich der Angreifer als Servicemitarbeiter aus, der vertrauliche Zugangsdaten benötigt, um wichtige Arbeiten abschließen zu können. Die Anrufer verfügen über Insiderwissen, verwickeln die Mitarbeiter in Smalltalk über den Büroalltag sowie über vermeintlich gemeinsame Kollegen und drohen, den Vorgesetzten zu kontaktieren, wenn sie nicht die Daten für die Beendigung ihrer vermeintlichen Arbeit erhalten.

Social-Engineering-Angriffe erfolgen so überzeugend, dass die Betroffenen in der Regel gar nicht merken, dass sie vertrauliche Informationen an vollkommen fremde, unbefugte Personen weitergeben. Da diese Form des Angriffs relativ neu ist, wird sie von IT-Sicherheitsverantwortlichen häufig unterschätzt. Hier einige Hinweise, wie Sie Social Engineering Attacken erkennen und verhindern können:

- Cyberkriminelle versuchen häufig, sich als Bewerber, neue Mitarbeiter oder Dienstleister auszugeben, um Informationen über das Unternehmen zu erhalten und sich Zugang zur IT-Infrastruktur zu verschaffen. Deshalb sollte die Identität unbekannter E-Mail-Absender immer im Internet gecheckt werden, bevor vertrauliche Informationen weitergegeben oder Anhänge geöffnet werden.
- Soziale Netzwerke sind ein wahres Paradies für Hacker, denn hier erfahren sie alles, was sie für ihr kriminelles Handwerk brauchen. Mit diesen Informationen können Cyberkriminelle ihre Attacke perfekt auf das jeweilige Opfer zuschneiden. Wichtig ist es also, die Privatsphäre-Einstellungen so anzupassen, dass nur ein vertrauenswürdiger Personenkreis auf persönliche Informationen zugreifen kann.
- Damit Ihre Mitarbeiter in der Lage sind, Social-Engineering-Attacken zu erkennen, sollten sie im Rahmen einer IT-Sicherheitsschulung für die neue Form des Cybercrimes sensibilisiert werden.

Passwort-Diebstahl

Ein Arbeitstag am PC beginnt in der Regel mit der Eingabe des persönlichen Passworts. Es soll Rechner, E-Mail-Konto sowie das Unternehmensnetzwerk eigentlich vor unbefugtem Zugriff schützen. Laut Angaben des BKA kursieren aktuell allerdings rund 50 Millionen gestohlene Zugangsdaten im Netz. Die Ursache sind in dem meisten Fällen zu schwache Passwörter. Gerne wird das eigene Geburtsdatum, der Namen der Kinder, des Ehepartners oder des Haustiers verwendet – damit haben Passwort-Diebe besonders leichtes Spiel.

Weitere Angriffsvarianten sind das »Shoulder Surfing« – bei dem das Passwort durch einen Blick über die Schulter ausgespäht wird. Ebenfalls beliebt ist das Verwenden eines Keyloggers – eines Programms, das Tastatureingaben mitliest. Eine automatisierte Variante des Passwort-Hacks ist der Brute-Force-Angriff: Dabei werden mithilfe leistungsstarker Rechner pro Sekunde mehrere Millionen Zeichenkombinationen im Schnelldurchlauf durchprobiert. Bei einem kurzen Passwort, das nur aus einer reinen Zahlen- oder Buchstabenkombination besteht, ist diese Art der Suche schnell erfolgreich. Ein sicheres Passwort weist eine Kombination aus Buchstaben, Sonderzeichen und Ziffern auf. Kennwörter aus dem Wörterbuch sind tabu, weil sie sich viel zu leicht knacken lassen. Besser ist ein Satz, den man sich leicht merken kann. Von diesem nimmt man alle Anfangsbuchstaben, variiert Groß- und Kleinschreibung und ersetzt einzelne Buchstaben und Worte durch Sonderzeichen. Aus einem i wird zum Beispiel eine 1, aus einem e eine 3 und aus einem und ein +. Empfehlenswert ist eine Mindestlänge von zwölf Zeichen. Wer neben Groß- und Kleinschreibung auch Sonderzeichen benutzt, erhöht die Zeichenzahl von 52 auf 95 und verdoppelt damit die Kombinationsmöglichkeiten. Zudem ist ein Kennwort mit Sonderzeichen 5000 Mal schwerer zu knacken. Doch auch ein sicheres Passwort verliert seine Schutzfunktion, wenn es für mehrere Accounts genutzt wird. Deshalb sollte jedes Zugangskonto mit einem eigenen Passwort geschützt werden. Passwortkombinationen gehören selbstverständlich nicht unter die Schreibtischunterlage. Eine professionelle Passwortorganisation erfolgt mittels geeigneter Passwortverwaltungs-Tools. Beim lokalen Einzelarbeitsplatz kann diese beispielweise mit dem kostenfreien und für alle Betriebssysteme verfügbaren KeePass erfolgen. Sobald die Dokumentation der Passwortzugriffe (nach DSGVO erforderlich) und eine benutzerspezifische Administration der Passwortfreigaben dazukommen, bieten sich Passwortserver an wie beispielsweise der auf KeePass aufsetzende Pleasant Password Server.

Gefahr durch unsichere E-Mails

2017 wurden in Deutschland 771 Milliarden E-Mails versendet. Laut Expertenschätzungen wird sich die Zahl in diesem Jahr auf rund 917 Milliarden erhöhen. Die meisten davon werden geschäftlich verschickt. Und genau hier lauert die Gefahr. Die Inhalte werden in den meisten Unternehmen noch nicht verschlüsselt, sodass die elektronischen Nachrichten auf ihrem Weg durch das Internet von Unbefugten eingesehen, kopiert oder manipuliert werden können. Dabei lassen sich vertrauliche E-Mails per digitaler Signatur und Verschlüsselung zuverlässig schützen. Eine digitale Signatur enthält ein Zertifikat und einen öffentlichen Schlüssel, der mithilfe der User-ID generiert wurde. Dies liefert dem Empfänger einen eindeutigen Beweis dafür, dass die Inhalte wirklich vom Absender stammen und echt sind. Um zu vermeiden, dass Daten im E-Mail-Verkehr abgefangen werden, sollte man sie verschlüsseln.

Spam-Mails

Weltweit werden pro Tag rund 100 Milliarden Junk-Mails verschickt. Jede zehnte davon landet in Deutschland. Laut dem Bundesamt für Sicherheit in der Informationstechnik hat sich die Zahl von Spam-Mails mit Phishing-Absicht oder virenbefallenen Anhängen 2017 um 36 Prozent erhöht. Mit täuschend echt wirkenden Phishing-Mails versuchen Betrüger, an vertrauliche Daten zu kommen. Phishing-Mails erkennt man daran, dass sie zu sofortigem Handeln auffordern, mit Drohungen verbunden sind oder an der Abfrage von Passwörtern, Kreditkartennummern, PIN oder TAN. Oft enthalten sie auch einen Link, der zu einer seriös wirkenden Internetseite führt. Bevor man auf den Link klickt, sollte man überprüfen, ob es sich beim Absender wirklich um einen Geschäftspartner handelt. Spam-Mails sind zudem beliebte Träger von Schadsoftware.

Virenschutz ist essentiell

Eine besondere Gefahr stellen Computerviren dar – sich selbst verbreitende schädliche Computerprogramme, die IT-Systeme infizieren. Sie gehen von E-Mail-Anhängen oder infizierten Seiten im Internet aus. Oft werden Trojaner oder Viren als getarnte PDFs, ZIPs oder TXT-Dateien online versendet. E-Mails mit Malware-Anhang enthalten meist weder eine persönliche Anrede noch eine Grußformel und sind fehlerhaft geschrieben. Derartige E-Mails sollten samt Anhang sofort gelöscht werden.

Gefährdet sind nicht nur Server, PCs und Notebooks, sondern auch Tablets und Smartphones. Viren werden in einem rasenden Tempo weiterentwickelt, nach Schätzung von IT-Sicherheitsspezialist Kaspersky kommen täglich bis zu 400 000 neue Schadprogramme hinzu. Viren, Trojaner und Würmer verursachen allein in Deutschland jährliche Schäden im dreistelligen Millionenbereich – mit ständig steigender Tendenz. Daher ist ein guter Virenschutz die beste Vorbeugung gegen schädigende Infektionen. Da Antivirenprogramme größtenteils bereits bekannte Viren erkennen, liefern sich Hersteller und Programmierer von Virensoftware einen permanenten Wettlauf. Die Software sollte daher regelmäßig aktualisiert werden und Virensignaturen täglich mehrfach mit den neuesten Daten der

Antivirenhersteller abgeglichen werden. Denn sobald Sicherheitslücken bekannt sind, werden sie von Kriminellen ausgenutzt. PCs und mobile Geräte sollen zudem mindestens einmal pro Woche auf Viren überprüft werden. Externe Datenträger müssen vor Gebrauch ebenfalls auf Viren untersucht werden. Anzeichen für einen Virenbefall sind ungewöhnliche Fehlermeldungen, veränderte Menüs und Dialogfelder, Anwendungen funktionieren nicht korrekt, Dateinamen sind teilweise oder vollständig durch kryptische Daten ausgetauscht. Bei derartigen Symptomen sollte der PC sofort abgeschaltet und der IT-Sicherheitsverantwortliche informiert werden. Dieser sollte dann erforderliche Maßnahmen anhand des bestehenden Sicherheitskonzeptes ergreifen. Doch auch wenn es keine typischen Anzeichen gibt, sollte man sich nicht in Sicherheit wiegen. Schadsoftware ist inzwischen so weit optimiert, dass sie lange verborgen bleibt, um möglichst großen Schaden anrichten zu können.

Verschlüsselung von Nachrichten

Verschlüsselte Daten sind der direkte Weg zu mehr IT-Sicherheit. Dabei werden Daten dergestalt chiffriert, dass sie für Unbefugte nicht mehr verständlich sind, von Befugten aber mit einem dazugehörigen Schlüssel lesbar gemacht werden können. Grundsätzlich gibt es zwei Arten der Verschlüsselung: Zum einen kommen kodierte Transportprotokolle wie beispielsweise das Hypertext Transfer Protocol

Secure (https) zum Einsatz, zum anderen erfolgt die Verschlüsselung der jeweiligen Daten selbst. Bewährte Verfahren bei EMails sind S/MIME oder PGP. Die Verschlüsselung geschieht mithilfe eines öffentlichen Schlüssels, der zwischen den Kommunikationspartnern ausgetauscht wird, und die Entschlüsselung durch den privaten Schlüssel des Empfängers. Viele Unternehmen verzichten auf eine Verschlüsselung, weil ihnen deren Verwaltung zu aufwendig ist. Dies kann sich jedoch rächen und ist zudem eine Fehleinschätzung. Denn moderne Verschlüsselungstechniken sind ausgesprochen nutzerfreundlich. Es gibt spezielle Softwarelösungen zur Verschlüsselung einzelner Dateien und Ordner oder ganzer Laufwerke sowie hardwareunterstützte Verschlüsselungsmethoden.

Risiken mobiler Geräte und Datenträger

Smartphones und Tablets sind auch im beruflichen Alltag vollkommen etabliert. Doch gerade wegen ihrer Beliebtheit und ihrer kompakten Größe werden sie für Kriminelle ebenfalls immer interessanter: Im November 2012 wurde aus dem Auto eines NASA-Mitarbeiters ein Notebook mit Tausenden Datensätzen gestohlen. Nach Angaben der Weltraumbehörde war der Rechner zwar mit einem Passwort geschützt, die Festplatte jedoch nicht verschlüsselt. Das Beispiel zeigt eindrücklich, dass der Verlust oder Diebstahl von Notebooks, Tablets und Smartphones erhebliche Gefahren bergen kann. Deshalb müssen mobile IT-Geräte noch höheren Sicherheitsstandards entsprechen – vor allem dann, wenn darauf vertrauliche Informationen gespeichert werden.

Sämtliche firmeneigene mobile IT-Geräte müssen mit einem persönlichen Passwort oder PIN-Code für den unbefugten Zugriff Dritter gesperrt werden. Die darauf befindlichen vertraulichen Daten sollten ebenso wie die Festplatte oder externe Datenträger prinzipiell verschlüsselt werden. So entsteht bei Verlust des Notebooks oder Smartphones lediglich ein materieller Schaden, ein Datendiebstahl wird jedoch weitestgehend vermieden.

Vorsicht ist auch bei der Nutzung drahtloser Technologien wie Bluetooth oder WLAN geboten – sie können als Einfallstor für Hacker missbraucht werden. Denn Smartphones und Tablet-PCs sind immer öfter mit der Infrastruktur des Unternehmens verdrahtet. Und vom Mobilgerät in das interne Unternehmensnetz ist es dann nur noch ein kurzer Weg. So könnten Diebe an das komplette Adressbuch mit geschäftlichen Kontakten gelangen, den E-Mail-Verkehr mit Kunden auslesen oder gar über Apps, die mit dem eigenen Serversystem verbunden sind, Zugriff auf das Firmennetzwerk erhalten.

Bedienfehler

Jedem ist es schon mal passiert: Man hat stundenlang an einem Dokument gearbeitet und plötzlich ist es weg. Abstürze, technische Probleme, Softwarefehler, versehentliches Löschen oder Überschreiben – all das kann dazu führen, dass wichtige Daten nicht mehr vorhanden sind. Eine regelmäßige Sicherung der Daten nach einem bestehenden Backup-Desaster-Plan ist der einzige Weg, Datenverlusten nachhaltig vorzubeugen. Der erste Blick bei einem spontanen Datenverlust sollte immer dem Papierkorb gelten. Denn das ist der Ort, an den Dateien meist beim Löschvorgang verschoben werden. Von hier aus können die gelöschten Dateien ohne fremde Hilfe jederzeit wiederhergestellt werden.

Daten können aber auch beim Löschen für immer verloren gehen. Zum Beispiel, wenn sie von einem Netzlaufwerk oder mit gedrückter STRG-Taste gelöscht wurden. Auch versehentliches Überschreiben führt zu Datenverlust. Meistens passiert dies, wenn ein bereits bestehendes Dokument als Vorlage für ein neues Dokument genutzt und nicht unter einem neuen Namen abgespeichert wird. Bei der Administration von virtuellen Maschinen oder Storage-Systemen können fehlerhafte Schritte zum Totalausfall für Abteilungen oder ganze Unternehmen führen. Auch wenn PCs, Laptops und Smartphones nicht ordnungsgemäß herunterfahren werden, können Daten verloren gehen oder beschädigt werden. Sind Daten abhandengekommen und lassen sich auch mit dem Datensicherungsprogramm nicht wiederherstellen, können auf Datenwiederherstellung spezialisierte Unternehmen die Daten häufig rekonstruieren. Das ist allerdings mit Kosten verbunden und kann einige Zeit in Anspruch nehmen. Verlorene und nicht wiederherstellbare Daten führen zu einem Arbeitszeitausfall und bei geschäftskritischen Daten, im schlimmsten Fall sogar zu wirtschaftlichen Verlusten. Um den Schaden möglichst gering zu halten, sollten betriebliche Daten regelmäßig sowohl gesichert in einem Cloud-Speicher als auch auf einem lokalen Medium gespeichert werden. Das verringert das Risiko eines Datenverlustes und beschleunigt die Rücksicherung im erforderlichen Fall.

Schreibtischtäter

Laut der Datenbank Breach Level Index des Chip- und Magnetstreifenkartenherstellers Gemalto ist die Zahl der weltweit gelöschten und entwendeten Datensätze 2017 um 88 Prozent auf rund 2,6 Milliarden gestiegen. Rund die Hälfte der Datenverluste geht auf Bedienfehler oder Fahrlässigkeit der Mitarbeiter zurück, auf Platz zwei liegen externe Cyberattacken mit 600 Millionen Datensätzen, gefolgt von interner Cyberkriminalität mit 30 Millionen Datensätzen – was einem Zuwachs von 73 Prozent entspricht. Die meisten Unternehmen verbinden Datenverluste mit Viren- und Hacker-Angriffen. Dabei kommen die Täter viel häufiger aus den Reihen der eigenen Mitarbeiter.

Nach Artikel 33 und 34 der Datenschutz-Grundverordnung müssen Unternehmen Sicherheitsvorfälle mit personenbezogenen Daten innerhalb von 72 Stunden an die zuständigen Behörden melden. Das gilt sowohl für extern als auch intern verursachte Datenverluste.

Die DSGVO dürfte also dazu beitragen, das Sicherheitsbewusstsein der Unternehmen zu erhöhen. Viele Unternehmen fürchten sich allerdings vor einem Imageverlust, wenn Sicherheitsvorfälle publik werden. Um Schwachstellen aufzudecken oder Verdachtsfällen nachzugehen, empfiehlt es sich, ein auf IT-Forensik spezialisiertes Unternehmen zu engagieren. Mithilfe modernster Ermittlungs- und Analysetechniken kann dies Spuren und Indizien ermitteln, um Vorgänge und Nutzerzugriffe auf einem IT-System im Nachgang zu rekonstruieren. Ob gerichtsverwertbar oder nur zur internen Ermittlung – die Auswertung von digitalem Beweismaterial stellt eine wichtige Entscheidungsgrundlage für das betroffene Unternehmen dar.

In einem ersten Schritt erstellen die IT-Forensiker einen digitalen Zwilling der Datenträger. Anhand des geklonten Datenbestandes wird untersucht, auf welche Dateien der Mitarbeiter im Verdachtszeitraum zugegriffen hat. Denn nahezu alle Interaktionen hinterlassen Spuren. So lässt sich unter anderem oft nachweisen, welcher USB-Stick zum Zeitpunkt des Datenverlusts an den Computer angeschlossen war. Die Informationen erlauben Rückschlüsse auf die vom Tatverdächtigen entwendeten Dateien. Auch im Arbeitsspeicher sind möglicherweise noch Spuren zu finden. Erfolgte der Diebstahl hingegen über das Internet, können Spuren im Browser, E-Mail-Client oder im Cache des Proxy-Servers Hinweise auf den Täter liefern.

Zwischenfazit: Mitarbeiter sensibilisieren

Patente, Konstruktionspläne, Kalkulationen, Kundenlisten – Daten sind das »digitale Kapital« jedes Unternehmens. Auch wenn die Intensität von Cyberattacken fortlaufend zunimmt, sind Sie dieser Bedrohung nicht schutzlos ausgeliefert. Organisatorische und technische Sicherheitsmaßnahmen erschweren Cyberkriminellen zwar die Arbeit, nützen aber wenig, wenn Mitarbeiter sorglos, nachlässig oder gar fahrlässig mit Daten, Programmen und Rechnern umgehen. Deshalb gehört die Sensibilisierung und Schulung der Belegschaft rund um die IT-Sicherheit zu den dringlichsten Aufgaben im Kampf gegen Cyberkriminalität. Denn die meisten Bedrohungen, Risiken und Gefahren entstehen nicht etwa durch Angriffe von außen, sondern durch die Mitarbeiter selbst. Für 75 Prozent aller deutschen Geschäftsführer sind unaufmerksame Mitarbeiter die größte Gefahr für ihre IT-Sicherheit. Trotzdem schulen 70 Prozent der Unternehmen ihre Mitarbeiter nicht. Dabei ließe sich diese Schwachstelle durch Sensibilisierung und Aufklärung am leichtesten schließen.

Die unterschätzten Gefahren

Neben Viren, Ransomware, Phishing-Mails und Hacker-Attacken entwickeln Cyberkriminelle ständig neue Angriffsszenarien, auf die sich Unternehmen in Zukunft einstellen müssen. Ins Visier rücken dabei zunehmend auch Drucker und Kopierer.

Drucker und Kopierer

Da mittlerweile die meisten Unternehmen ihre Firmennetzwerke mit Virenschutzprogrammen und Firewalls schützen, haben Cyberkriminelle ein neues Einfallstor gefunden: Drucker und Kopierer. Denn diese werden im Gegensatz zu Computern und Netzwerk-Servern in den meisten Unternehmen nicht ausreichend gesichert – und sind damit eine leicht zu überwindende Hürde für kriminelle Datendiebe.

In einer Umfrage des britischen Forschungsunternehmens Quocirca im Juni 2015 gaben 90 Prozent der befragten Unternehmen an, mindestens einmal Datenverluste durch eine unsichere Druckumgebung erlitten zu haben.

64 Prozent waren sich nicht bewusst, dass Drucker und Kopierer speziell geschützt werden müssen. Was viele nicht wissen: Auch Drucker und Kopierer haben in der Regel Festplatten, eine IP- sowie E-Mail-Adresse. Durch offene Ports und standardisierte Protokolle sind sie besonders anfällig für Cyberattacken. Unternehmen sollten daher für Drucker und Kopierer alle IT-Sicherheitsmaßnahmen anwenden, die auch bei Computern zum Einsatz kommen, wie zum Beispiel Virenscanner und Firewalls und, wenn technisch möglich, eine hardwareseitige Verschlüsselung der Festplatte aktivieren.

Moderne Business-Drucker bieten viele Sicherheitsfeatures ab Werk: So wird unter anderem das Betriebssystem beim Einschalten des Geräts auf mögliche Manipulationen oder Veränderungen hin überprüft. Ein verdächtiges Betriebssystem wird sofort erkannt und nicht gestartet. Erfolgt ein Einbruchsversuch im laufenden Betrieb, informieren betroffene Drucker automatisch den System-Administrator im Unternehmen. Empfehlenswert ist auch die Einrichtung eines separaten Bereichs (VLAN) für Drucker und Kopierer im internen Netzwerk. Damit sind die Geräte auf Netzwerkebene so isoliert, dass Druckaufträge übers Netzwerk verschickt werden können, der Drucker selbst aber keinen Zugriff auf das restliche Datennetzwerk hat. Darüber hinaus können die Drucker mit individuellen Zugriffsrechten ausgestattet werden. Erst wenn sich Mitarbeiter am Gerät mit PIN, Firmenausweis oder Fingerabdruck identifizieren, wird ein Druckauftrag bearbeitet. So wird vermieden, dass vertrauliche Dokumente in unbefugte Hände gelangen.

Ein weiteres Sicherheitsproblem tritt auf, wenn die Geräte ausrangiert werden. 2015 machte der Fall eines gebraucht gekauften Kopierers Schlagzeilen, auf dessen Festplatte sich mehrere Tausend vertrauliche Dokumente befanden. Eine anschließende Umfrage brachte zutage, dass viele Menschen nicht wissen, dass Kopierer in der Lage sind, Daten zu speichern. Eine wichtige Schutzmaßnahme, um einen derartigen Sicherheits-Gau zu vermeiden, ist ein automatisiertes, überschreibendes Löschen des Zwischenspeichers nach Abschluss des Druckvorgangs. Beim Veräußern der Druckerhardware sollten deren Datenspeicher separat professionell gelöscht oder vernichtet werden.

Die neuen Gefahren

Big Data, Blockchain, Cloud-Server und Quantencomputer sind *the next big things*. Sie eröffnen der Wirtschaft viele neue Chancen, bergen aber auch Sicherheitsrisiken, die nicht unterschätzt werden sollten.

Big Data braucht neue Schutzmechanismen

Daten sind das Gold der Industrie 4.0. Durch die Digitalisierung der gesamten Wertschöpfungskette und die Vernetzung von Menschen, Maschinen und Produkten fallen riesige Datenmengen an. Auf Basis dieser Daten können Unternehmen zum Beispiel maßgeschneiderte Produkte nach Kundenwünschen produzieren, die nicht mehr kosten als seriell gefertigte. Darüber hinaus bilden die gesammelten Daten die Basis für die Entwicklung innovativer neuer Geschäftsmodelle und Dienstleistungen. Damit Industrie 4.0 seine Potenziale voll ausspielen kann, werden sensible Produktions- und Prozessdaten über Unternehmensgrenzen hinweg ausgetauscht. Doch der umfassende Schutz hochgradig vernetzter Systemstrukturen ist eine Herausforderung, die bislang noch nicht überzeugend gelöst ist. Denn dazu müssen bereits bestehende Sicherheitsmaßnahmen an die Besonderheiten von Industrie 4.0 angepasst oder komplett neue Schutzmechanismen entwickelt werden. So sind zum Beispiel Virenscanner, die heutzutage PCs vor Abgriffen schützen, unter den Echtzeit-Bedingungen der Produktion nicht einsetzbar. Im *Nationalen Referenzprojekt für IT-Sicherheit in der Industrie 4.0*, kurz IUNO, entwickeln Fraunhofer-Institute gemeinsam mit 18 weiteren Partnern Lösungen, um vernetzte Industrieanlagen zuverlässig vor Cyberangriffen und Spionage zu schützen. Mit einem speziell für Produktions- und Automatisierungstechnik ausgestatteten IT-Sicherheitslabor steht eine gesicherte Testumgebung zur Verfügung, in der potenzielle Angriffe auf Produktionsnetze nachgestellt, die Auswirkungen untersucht und so neue Strategien und geeignete Abwehrmaßnahmen abgeleitet werden.

Cloud-Server als Hacker-Eldorado

Mit der im Rahmen von Industrie 4.0 nahezu explodierenden Datenmenge stellt sich für viele Unternehmen die Frage, wo diese gespeichert werden soll. Immer mehr Firmen entscheiden sich da für eine Cloud-Lösung. Laut des *Cloud-Monitors 2017* der Bitkom nutzen 65 Prozent aller deutschen Unternehmen Cloud-Services. Dies entspricht einer Steigerung um 11 Prozent im Vergleich zum Vorjahr.

44 Prozent der Unternehmen bevorzugen eine auf ihre Bedürfnisse zugeschnittene Private-Cloud. Dies gilt als besonders sicher, da nur ein autorisierter Nutzerkreis über eine direkte Netzanbindung oder eine Virtual-Private-Network-Verbindung auf die Daten zugreifen kann. 29 Prozent der Unternehmen wählen jedoch eine Public-Cloud, bei der der Datenzugriff über das Internet erfolgt. Obwohl Sicherheitslücken wie Meltdown und Spectre vor Kurzem gezeigt haben, wie angreifbar unsere IT-Systeme – und damit auch Cloud-Server – sind, halten 57 Prozent der Unternehmen, die Cloud-Services nutzen, ihre Daten für sehr gut gesichert. Weil hier die Daten verschiedener Kunden auf zentralen Servern verteilt liegen, sind besonders Public-Clouds ein wahres Eldorado für Hacker. Als Einfallstor fungiert in der Regel die Schnittstelle zum Internet. Eine zentrale Rolle bei der Sicherheit in der Cloud spielt die Art der Verschlüsselung: Einen hohen Sicherheitsstandard bieten sogenannte Zero-Knowledge-Clouds. Die Verschlüsselung und Entschlüsselung der Daten erfolgt hier ausschließlich auf der Client-Seite, also auf dem lokalen Computer. So können weder Cyberkriminelle noch der Cloud-Betreiber selbst auf die Nutzerdaten zugreifen. Wichtig ist auch der Standort des Servers. Viele Cloud-Anbieter mieten ihre Server bei größeren Unternehmen wie zum Beispiel bei Google oder der Amazon-Tochter AWS, die ihren Firmensitz im Ausland haben. Damit unterliegt die Verarbeitung und Speicherung der Nutzerdaten nicht automatisch den deutschen Gesetzen und Normen. Selbst wenn der US-Anbieter über ein Zertifikat des sogenannten Privacyshield verfügt,

ist gerade bei personenbezogenen Daten Vorsicht geboten. Bei Cloud-Lösungen, egal ob lediglich ausgelagerter Serverspeicher, zentrale Software as a Service (SaaS) oder die notwendige IT-Infrastruktur (IaaS) sollte die Auswahl des Produktes und Anbieters sorgfältig und in erster Linie nach Sicherheitskriterien getroffen werden.

Blockchain mit ungeklärtem Datenschutz

Blockchain ist die Technologie, die hinter der Kryptowährung Bitcoin steckt. Vereinfacht ausgedrückt werden Transaktionen zu Blöcken zusammengefasst und miteinander verkettet. Statt auf einem zentralen Server sind die Informationen dabei dezentral auf vielen im Netzwerk befindlichen Rechnern gespeichert. Damit ist die Blockchain das Gegenteil der Cloud. Noch ist die Blockchain-Technologie vergleichsweise jung, und viele Unternehmen und Institutionen haben gerade erst begonnen, Visionen und Konzepte für den Einsatz in verschiedenen Umgebungen zu entwickeln. So können zum Beispiel Zahlungen abgewickelt werden, ohne dass eine Bank zwischengeschaltet werden muss. Grundsätzlich ist das Prinzip Blockchain überall dort einsetzbar, wo Nachweise, Transaktionen, Verträge oder Werte ausgetauscht und deren Bewegungen fälschungssicher dokumentiert werden müssen. Die Dezentralität der Blockchain ist DER Aspekt, der sie sicherer und effizienter macht als zentral verwaltete Systeme. Denn es gibt dadurch keine zentrale, angreifbare Stelle – und auch keine Instanz, die fälschen, manipulieren oder zensieren kann. Die Art der verwendeten asymmetrischen Verschlüsselungstechnologien gilt ebenfalls als sicher. Um Informationen zu verfälschen, müsste nicht ein Server gehackt werden, sondern mehr als 50 Prozent der Computer in der Blockchain. Trotz der starken kryptografischen Sicherheit ist die Blockchain-Technologie aber nicht ganz frei von Risiken und Problemen. Da die Validierung der Transaktionen auf Konsens im Netzwerk beruht, ist es theoretisch möglich, dass Angreifer Transaktionen in einem Block verändern können, wenn sie mehr als 50 Prozent der Rechenleistung kontrollieren – was allerdings unwahrscheinlich und praktisch nahezu unmöglich ist.

Eine große Baustelle der Blockchain-Technologie ist indes der Datenschutz. Für dezentrale Systeme, bei denen die Daten auf viele Server überall auf der Welt verteilt sind, muss das Thema Datenschutz völlig neu gedacht werden. Ohnehin ist die Rechtslage auf diesem Gebiet komplett offen, wobei nicht einmal klar ist, welches nationale Recht überhaupt gelten sollte. Schließlich sind die am Netzwerk beteiligten Rechner womöglich auf der gesamten Welt verteilt.

Künstliche Intelligenz birgt Chancen und Risiken

Technologien, die auf künstliche Intelligenz zurückgreifen, ermöglichen ein enormes Potenzial zur treffsicheren und effektiven Optimierung auf den Anwender oder das Anwendungsszenario. Neben der Auswertung von nicht direkt zusammenhängenden Daten und deren Schlussfolgerungen auf Prozesse, und das zum Teil in Echtzeit, profitieren bereits heute IT-Sicherheitslösungen von der schnellen und effektiven Erkennung und Abwehr von Angreifern aufgrund des Einsatzes von künstlicher Intelligenz. Diese hohe Effizienz und Überlegenheit gegenüber statischen Technologien kann jedoch bei gezielter Täuschung und Unterwanderung durch Angreifer in ein Sicherheitsrisiko münden. Dass diese Form der Manipulation bereits möglich ist, zeigt ein auf der Hackerkonferenz Black Hat 2017 in Los Angeles vorgestelltes Experiment. Hier wurde ein automatisiertes System (Bot) zur Malware-Erkennung durch einen Angreifer-Bot durch selbstständiges Lernen und Anwenden von wahrscheinlichen Strategien zur Umgehung der Detektion des Schädlings getäuscht. Es gibt noch andere Beispiele, bei denen biometrische Systeme für Gesichts- oder Spracherkennung gezielt ausgetrickst wurden. Am Ende ist es wie mit jeder neuen Technologie. Die anfangs euphorischen Erwartungen werden nach der ersten Test- und Implementierungsphase durch gegenläufige Entwicklungen getrübt. Die Vorteile können jedoch bei entsprechenden Richtlinien für den Einsatz von künstlicher Intelligenz überwiegen.

Quantencomputer als Sicherheitsrisiko

Quantencomputer werden in absehbarer Zeit produktiv zum Einsatz kommen – und Forscher bei Intel, Microsoft, Google und IBM liefern sich einen Konkurrenzkampf, wer im Wettrennen um den Supercomputer die Nase vorn haben wird. Während in klassischen Computerprozessoren jedes Bit (kleinste Einheit im Computer) einen Wert von null oder eins hat, kann ein Quantenbit (Qubit) auch überlagerte Zustände annehmen, die zwischen diesen beiden Extremen 0 und 1 liegen. Man spricht hier von der sogenannten Superposition. Und es gibt noch eine weitere entscheidende Besonderheit: die Verschränkung von Quantenbits, welche in der Lage sind, sich untereinander zu verständigen. Aufgrund dieser beiden Eigenschaften können Quanten-Computer hochkomplexe Rechenaufgaben bewältigen, mit denen konventionelle Rechner heillos überfordert wären. Auch wenn Google vor Kurzem den Quantenprozessor namens »Bristlecone« vorgestellt hat und damit die Vorherrschaft in der Quantentechnologie für sich beansprucht, ist der Quantencomputer bislang ein weitestgehend theoretisches Konstrukt. Bis alle noch offenen Probleme gelöst sind und die ersten im Handel erhältlich sein werden, dürften mindestens noch zehn Jahre vergehen. Doch je näher Tag X rückt, desto mehr steigt auch die Gefahr. Denn aufgrund ihrer besonderen Eigenschaften ist es für Quantencomputer ein Leichtes, die gebräuchlichen, auf Primzahlen basierenden Verschlüsselungsverfahren zu knacken. Es gibt sogar Experten, die meinen, Quantencomputer könnten nicht nur die als extrem sicher geltende Blockchain-Technologie wertlos machen, sondern auch sämtliche aktuell existierenden Verschlüsselungstechnologien aushebeln und damit das gesamte IT-Sicherheitsgefüge aus den Angeln heben.

Rechtliche Anforderungen

Bevor wir uns mit den technischen und organisatorischen Aspekten der IT-Sicherheitsarchitektur beschäftigen, möchte ich die rechtlichen Anforderungen kurz beleuchten. Denn besonders bezüglich der EU-Datenschutz-Grundverordnung, die seit Mai 2018 unumschränkt gilt, herrscht im Mittelstand große Unsicherheit. Laut der Studie *Security Bilanz Deutschland* sind 40 Prozent der mittelständischen Unternehmen skeptisch, ob sie alle relevanten Maßnahmen fristgerecht umsetzen können. Statt die DSGVO als Bürde zu betrachten, sollten KMUs sie jedoch als Chance sehen, die unternehmenseigene IT-Sicherheit auch als Wettbewerbskriterium auf den Prüfstand zu stellen.

DSGVO als Treiber der IT-Sicherheit

Die Datenschutz-Grundverordnung ist verbindliches und direktes Gesetz in allen EU-Staaten. Ausgenommen davon sind die sogenannten Öffnungsklauseln, die Deutschland wie jedes andere EU-Mitglied individuell ausführen konnte.

Im Kern dreht sich die Datenschutz-Grundverordnung um die Gefahren für das Persönlichkeitsrecht, die von einer automatisierten Verarbeitung personenbezogener Daten ausgehen – jedoch auch von manuellen Systemen. Es ist also keineswegs ein reines Internet- oder Digitalgesetz, auch wenn die modernen Technologien die Verarbeitung personenbezogener Daten revolutioniert und drastisch erweitert haben, wie wir im Vorangegangen gesehen haben. Personenbezogene Daten sind dabei alle Informationen, die sich auf eine bestimmte oder bestimmbare natürliche Person beziehen. Es geht also nicht um Verstorbene und auch nicht um die Daten von juristischen Personen wie Unternehmen, Organisationen oder Vereinen oder Daten für familiäre Zwecke. Ebenfalls nicht erfasst werden von der Verordnung zusammengefasste oder anonymisierte Daten. Auch andere geheime Daten wie Geschäfts- oder Betriebsgeheimnisse werden nicht durch die DSGVO geschützt. Dafür gelten andere Vorschriften.[6] Der Begriff »Verarbeitung« meint dabei »jede Form des ›Umgangs‹ mit personenbezogenen Daten, beginnend mit der Erhebung und endend mit der Löschung«.[7]

Die Verarbeitung von besonders sensiblen Daten ist bis auf wenige Ausnahmen untersagt. Dazu gehören personenbezogene Daten, aus denen die rassische und ethnische Herkunft, politische Meinungen, religiöse oder weltanschauliche Überzeugungen oder die Gewerkschaftszugehörigkeit hervorgehen, sowie von genetischen und biometrischen Daten zur eindeutigen Identifizierung, Daten über Gesundheit oder Sexualleben und sexuelle Ausrichtung.

Die Datenschutz-Grundverordnung klammert allerdings detaillierte Regelungen zum wichtigen Beschäftigtendatenschutz weitestgehend aus. Er ist durch die nationalen Gesetzgeber geordnet worden und ist damit der wohl größte Bereich für die Öffnungsklauseln – und obendrein ein essenzieller. Denn auch ein Unternehmen ohne personenbezogene Kundendaten hat schließlich Daten seiner Mitarbeiter, die ab sofort besonders behandelt werden müssen. Auch und vor allem ein Chef hat darauf nicht »einfach mal so« Zugriff.

Zielgruppe im Sinne von »Wer muss handeln?« ist der Verantwortliche für die Datenverarbeitung – was eine Person oder eine Organisation sein kann. Der Verantwortliche ist die zentrale Figur in der Datenschutz-Grundverordnung. Dies ist in der Regel der Chef der jeweiligen Organisation, der auch strafrechtlich und zivilrechtlich haftet und im Zweifel vor Gericht steht. Zwar kann der Verantwortliche die Arbeiten und Aufgaben delegieren, nicht aber seine Verantwortung. Das Gesetz wendet sich ausschließlich an ihn – und/oder an den sogenannten Auftragsverarbeiter, einen etwaigen Dienstleister. Diesen bedeutsamen Aspekt greife ich später im Kapitel »Fazit: IT strategisch managen – Datensicherheit ist Chefsache« auf.

Datenschutz ist beileibe nichts Neues, zumal in Deutschland. Doch die Kontrollen und Strafen waren bislang eher harmlos, mit großartigen Sanktionen brauchte niemand zu rechnen. Nun aber muss der Verantwortliche wirklich handeln. Er muss alle technischen und organisatorischen Maßnahmen in die Wege leiten, die die Verarbeitung personenbezogener Daten in seinem Unternehmen sicher macht. Er muss Betroffene vor Risiken schützen, die durch Datenverlust oder Missbrauch eintreten können. Im Ernstfall muss er all dies auch nachweisen können, weshalb mit der Datenschutz-Grundverordnung auch verschärfte Dokumentationspflichten auf die Wirtschaft zugekommen sind.

Die DSGVO legt deutlich strengere Regeln für den Umgang mit personenbezogenen Daten fest: Bislang gab es nur ein Auskunftsrecht bezüglich personenbezogener Daten. Das heißt, Unternehmen mussten erst auf Anfrage Auskunft über die verarbeiteten und gespeicherten Daten geben. Mit Inkrafttreten der DSGVO müssen Personen bereits vor der Datenerhebung über Art, Umfang, Zweck, Dauer und gegebenenfalls die rechtliche Grundlage informiert werden. Dies setzt voraus, dass Unternehmen genau wissen müssen, welche Informationen in welchen Prozessen wie verarbeitet werden.

Dreh- und Angelpunkt bei der Verordnung sind also die personenbezogenen Daten, für die verschiedene Grundsätze gelten. Einzig auf folgender Basis ist eine Verarbeitung erlaubt:

1. Die Daten werden auf rechtmäßige Art und Weise verarbeitet (Rechtmäßigkeit).
2. Die Daten werden für festgelegte, eindeutige und legitime Zwecke erhoben (Zweckbindung).

3. Die Verarbeitung der Daten ist auf das notwendige Maß beschränkt (Datenminimierung).
4. Die Daten müssen sachlich richtig sein (Richtigkeit).
5. Die Identifizierung einer Person soll nur so lange möglich sein, wie es für die Zwecke erforderlich ist (Speicherbegrenzung).
6. Die angemessene Sicherheit der personenbezogenen Daten muss stets gewährleistet sein.

Für alle diese Punkte gilt eine entsprechende Verantwortung und Rechenschaftspflicht. Vor allem aber ist eine Verarbeitung der personenbezogenen Daten nur dann rechtmäßig, wenn die Person darin eingewilligt hat oder es dafür eine gesetzliche Grundlage gibt. Im Zweifel ist es auch hier Sache der Organisation, den entsprechenden Nachweis für die Einwilligung zu führen.

Transparenz ist also ein wichtiger Faktor – und die eröffnet die Chance, das Zusammenspiel von Geschäftsprozessen und IT erstmalig präzise und klar zu dokumentieren. Dadurch wird deutlich, wo es Medienbrüche gibt und Optimierungspotenzial besteht. Laut DSGVO müssen zwar nur die personenbezogenen Daten geschützt werden, aber wenn man schon einmal dabei ist, macht es durchaus Sinn, auch gleich alle anderen unternehmenskritischen Daten zuverlässig zu sichern. Im Zuge der DSGVO empfiehlt es sich also, das Thema IT-Sicherheit komplett anzugehen und nicht nur singuläre Maßnahmen für den Schutz personenbezogener Daten zu ergreifen.

Informationssicherheit und Zertifizierung nach ISO 27001

Ziel der ISO 27001, der Norm für Informationssicherheits-Managementsysteme, ist die Einführung eines dreistufigen Informationssicherheits-Managementsystems im Unternehmen, das die Vertraulichkeit, Integrität und Verfügbarkeit bei der Datenverarbeitung sicherstellt:

- Stufe 1 gilt für öffentliche Dokumente (Vertraulichkeit), die durch Verfälschung eher unbedeutende Schäden bis 500 Euro verursachen (Integrität) und bei einem Ausfall von einer Woche für das Unternehmen keinen »Beinbruch« darstellen (Verfügbarkeit).
- Stufe 2 umfasst unternehmensinterne Dokumente, die bei Verfälschung geringe monetäre Schäden bis 5000 Euro verursachen und nicht länger als 24 Stunden ausfallen dürfen.
- Unter Stufe 3 fallen vertrauliche Dokumente (Gehälter, personenbezogene Daten, Informationen nur für ausgewählte Personen), die bei Verfälschung hohe Schäden über 5000 Euro verursachen und deren Verfügbarkeit nicht über drei Stunden unterbrochen sein darf.

Obwohl sie vom Gesetzgeber nicht gefordert ist, kann sich eine Zertifizierung nach ISO 27001 für kleine und mittelständische Unternehmen auszahlen. So lässt sich mit ihr eindeutig nachweisen, dass beispielsweise Sicherheitsanforderungen nach §11 Bundesdatenschutzgesetz (BDSG) erfüllt sind (Erhebung, Verarbeitung, Nutzung personenbezogener Daten im Auftrag). Darüber hinaus haben zertifizierte Unternehmen bei Ausschreibungen einen deutlichen Wettbewerbsvorteil. Auch bei der Kooperation mit Partnerunternehmen in jegliche Richtung lassen sich IT-Sicherheitsrisiken deutlich durch die gegenseitig vorhandene Datensicherheitszertifizierung nach ISO 27001 reduzieren.

Experteninterview mit Ulrich Seibold

Vice-President Channel, Service Providers, OEM and Alliances, DACH & Russia, Hewlett-Packard GmbH

Wo sehen Sie deutsche Unternehmen auf dem Weg zur Digitalisierung im weltweiten Vergleich?

Wenn wir innerhalb der Digitalisierung von einer Prozessoptimierung ausgehen, dann haben wir sicher noch einen langen Weg zu gehen. Häufig findet man im deutschen Mittelstand in sich gekapselte Systeme mit sehr vielen Brüchen, bei denen manuell oder halbmanuell Datenübertragungen erforderlich sind. Es fehlt an einem konsequenten End-to-End-Datenfluss.

Wenn ich mir einen typischen Workflow anschaue, von der Konstruktion über den Einkauf, gefolgt von einem Warenwirtschaftssystem, da fehlt in der Regel die Verzahnung der Systeme. Anders sieht es bei reinen Produktionssystemen aus, da liegen andere Mechanismen zugrunde, weil ich Maschinensteuerung mit Logistik in Betracht ziehen muss. Also: Wo liegt die Ware, habe ich genügend Material und so weiter, da sind wir bereits relativ gut.

Am Ende steht der Qualitätsprozess, das Qualitätsmanagement, welches heute nicht zwingend gekoppelt ist an vorhergehende Prozesse. Die Rückmeldung an die Konstruktions-/Entwicklungsabteilung erfolgt meist nicht digitalisiert, sondern oft noch persönlich durch den jeweiligen Abteilungsleiter oder Maschinenführer. Ich glaube, das ist unser Stand im Vergleich zu vielen Ländern in der Welt. Aber man muss auch sehen, woher man kommt. Der generelle Stand ist nicht der allerschlechteste in Deutschland. Bei unseren Lohnkosten waren wir bereits seit vielen Jahren gezwungen zu optimieren, das ist nicht unser großes Problem.

Die großen Innovationen kommen aktuell nicht aus Deutschland oder Europa, sondern aus Asien oder anderen Regionen. Wenn ich dort ein Werk neu aufbaue, habe ich natürlich im Grundsatz andere Möglichkeiten, eine Struktur zu entwickeln, als wenn ich ein Werk in Deutschland oder den großen westlichen Industriestaaten habe, in dem wir bereits über viele Jahre optimiert haben. Eine Optimierung ist immer etwas anderes, als wenn ich neu aufbaue. Wenn ich etwas von vorn beginne, kann ich vieles anders machen, als wenn ich einen Evolutionsprozess habe.

Wenn wir weiterschauen in Richtung der Digitalisierung im deutschen Mittelstand, was viele Unternehmen bereits begonnen haben, sind Produktionsprozesse bei ähnlichen technischen Voraussetzungen zu vergleichen. Es befinden sich ja beispielsweise Produktionsmaschinen an verschiedenen Standorten innerhalb der Unternehmen, auch international. Es macht also durchaus Sinn, einfach mal zu vergleichen. Warum habe ich in einem Werk A eine andere Qualitätsstufe als in einem Werk B. Ich glaube, das sind Elemente, die momentan gut vom Mittelstand adaptiert werden, weil das auch am einfachsten umzusetzen ist.

Die Visualisierung oder grafische Darstellung von Prozessen und Werten basiert heute auf digitalen Daten aus dem jeweiligen Entwicklungs- oder Fertigungsprozess.

Ein gern genommenes Beispiel: Da muss der deutsche Servicetechniker nicht extra nach Indien reisen, sondern kann aus der Ferne einem Techniker vor Ort wichtige Daten auf dessen Datenbrille transferieren, alles gesteuert aus der deutschen Firmenzentrale. Die Voraussetzung dafür ist: Der Workflow muss sauber digitalisiert sein, damit ich auch in der Lage bin, sofort erforderliche Daten auf so eine Datenbrille zu senden. Das geht nur, wenn die Daten ausreichend digital vorliegen.

Ein weiteres Beispiel wäre ein proaktives Monitoring von Maschinen, welches die Hersteller anbieten können, wie wir das seit Jahren in der IT machen. Auch hier können wieder ausgehend von der entsprechenden Sensorik Umgebungsvariablen gemessen und digital weiterverarbeitet werden, um beispielsweise bei einer höheren Luftfeuchtigkeit am Standort häufigere Wartungsintervalle durchzuführen. Serviceverträge können so individualisiert auf den Kunden zugeschnitten werden.

Gibt es spezifische Branchen im Mittelstand, die mehr oder weniger auf einem guten Weg in die Digitalisierung sind?

Gerade die familiengeführten Unternehmen sind manchmal besser, als wir denken. Wir haben da eine recht hohe Produktivität. Und das kommt aus der Vergangenheit, da haben wir frühzeitig SAP oder andere Systeme eingeführt. Das sollten wir nicht unterschätzen. Sonst könnten wir im internationalen Weltmarkt nicht bestehen. Wir haben es damals nur noch nicht Digitalisierung genannt.

Alle Firmen, die hoch internationalisiert sind, sind im Vorteil. Bei Unternehmen oder Behörden, die wenig Wettbewerb unterliegen und bei denen der Veränderungsdruck nicht so stark ist, wirkt sich das auf den Digitalisierungsstand aus. Die Digitalisierung ist abhängig von der Struktur im Unternehmen. Wo IT noch als eine Kostenstelle betrachtet wird, dort wird weniger in Richtung der Digitalisierung optimiert, als wenn sie als Wettbewerbsfaktor bewertet wird. Ich sehe auch einen großen Nachholbedarf bei Unternehmen, die eine Überalterungstendenz haben. In Branchen, die vielleicht nicht so stark junge Menschen anziehen oder in denen kein junges Management nachgerückt ist, das neue Ideen eingebracht hat. Dort sind zwar Menschen mit viel Erfahrungsschatz, aber der ist noch nicht digital.

Was ist aus Ihrer Sicht die größte Herausforderung für IT-Sicherheit im Mittelstand?

Von außen betrachtet: IT-Sicherheitsberater sind oftmals noch nicht ausreichend kompetent. Das Defizit an Know-how muss hier aufgeholt werden. Im Unternehmen: In vielen mittelständischen Unternehmen ist IT noch beim CFO, also beim Geschäftsführer für Finanzen, angesiedelt. Und damit das alte Leid. Sobald die IT nicht als Wettbewerbsvorteil verstanden wird, sondern als Kostenblock, haben wir ein Problem. Typischerweise haben wir dort IT-Verantwortliche, die ihre Systeme über Jahre unverändert betrieben haben. Dort befinden sich nicht selten überalterte Systeme, Personen und Applikationen.

Den externen Zugriff auf Daten, also den Versuch, ein System zu hacken, sehe ich nicht mehr als das primäre Problem im Rechenzentrum. Unsere große Herausforderung sind die Geräte,

Laptops, unsere Smartphones, auf denen heute businesskritische Applikationen laufen. Unwahrscheinlich viel unternehmensinterne Kommunikation fließt mittlerweile über Tools wie WhatsApp, das hätten wir uns vor einigen Jahren noch gar nicht vorstellen können. Da war es noch eine rein private Kommunikation. Hier kommt es zur Vermischung von privaten und geschäftlichen Daten, was durchaus kritisch zu bewerten ist.

Das heißt, ich brauche Sicherheitssysteme, bei denen ich am Entstehungspunkt der Daten die Person, das Gerät und das Verhalten des Gerätes eindeutig identifizieren kann. Da gibt es heute sehr gute Applikationen. Die wenigsten Unternehmen agieren in dieser Weise. Die meisten denken noch immer, der Angriff kommt über das Rechenzentrum, aber das ist vorbei, das ist nicht mehr unser relevantes Problem. Der Haupteinfallspunkt ist mein Gerät. Dort brauche ich eben Anwendersicherheit. Ich muss klar ermitteln können, wer der Anwender ist, was das typische Verhalten des Gerätes ist und welche Zugriffsrechte definiert sind.

Neben dem technischen Aspekt sind wir Menschen selbst natürlich der Hauptfaktor, bewusst oder unbewusst. Wie oft erleben wir es heute, dass jemand den Stick von seinem Laptop in einen anderen PC steckt und schon sind die Daten im Netz. Aber auch durch vorsätzliche Aktionen, durch unzufriedene Mitarbeiter, die vielleicht nur kurz in einem Unternehmen sind, kann Knowhow abgezogen werden. Zudem sind die Menschen oft unzureichend geschult, was beispielsweise den Umgang mit kritischen E-Mail-Inhalten und -Anhängen angeht. Das Unternehmen muss grundsätzlich die Digitalisierung und IT als Wettbewerbsfaktor und Risiko wahrnehmen und entscheiden, wie mit den Daten umgegangen wird und wer auf welche Daten zugreifen darf.

Wie sehen Sie das Risiko von Krypto- und Erpressungstrojanern durch organisierte Kriminalität?

Die organisierte Kriminalität setzt darauf, gezielt mit Unternehmensdaten zu arbeiten. Hier greift natürlich in erster Linie die prophylaktische Absicherung, um ein Eindringen sämtlicher Schadsoftware zu vermeiden. Aber wir kennen ja alle genug öffentlich gewordene Beispiele, bei denen der Schutz nicht ausreichend gegeben war.

Für Unternehmen sind Datendiebstähle und damit verbundene Risiken ein Worst-Case-Szenario. Wenn Sie zur Polizei gehen, müssen Unternehmensdaten offengelegt werden. Das heißt, allein über diesen zusätzlichen Weg gehen Daten ebenfalls aus dem Unternehmen heraus. Das sollte nicht unterschätzt werden. Die meisten Mittelständler wissen dabei nicht, dass es in jedem Bundesland einen Verfassungsschutz gibt. Die müssen nicht staatlich ermitteln, dort würden die Daten zunächst erst mal geheim bleiben. Generell sehe ich die Entwicklung nicht kritischer als andere Sicherheitsrisiken. Hier muss nur entsprechend nachgearbeitet werden, um den Schutz auf allen Ebenen zu perfektionieren.

Wie lassen sich die neuen Anforderungen am besten meistern?

Es kann heute kein Systemhaus allumfassend Technologien anbieten, die eine fast sichere Umgebung gewährleisten. Viele Unternehmen haben eine Front-End-Security, andere eine Datacenter-Security. Aber ein allumfassender Schutz durch einen Mittelständler ist kaum möglich. Wir sollten mehr mit Partnerschaften arbeiten. Front-End- und Rechenzentrum-Applikationen. Außerdem muss – wie bereits erwähnt – im Unternehmen selbst durch mehr Sensibilität und Schulungen das Bewusstsein für IT-Sicherheit gesteigert werden.

Wie unterstützt Hewlett Packard Enterprise (HPE) die Unternehmen in sicherheitsrelevanten Themen?

HPE bietet diverse softwaredefinierte Sicherheitstechnologien zur automatisierten Überwachung und proaktiven Analyse. Serverseitig wurden ab Generation 10 enorme Sicherheitsfeatures eingebaut.

Der typische deutsche Mittelständler nutzt diese Funktionen heute noch nicht, da er in diesem Zusammenhang keine Security-Strategie hat. Ich muss am Datenentstehungspunkt oder Verarbeitungspunkt beim Menschen ansetzen, also mit einer End-to-End-Strategie, die in den allermeisten Unternehmen so noch nicht vorhanden ist. Im Bereich der Front-End-Security haben wir durch den Zukauf von Aruba, also unser ArubaEdge, eine Lösung mit Clearpass, bei der ich mein Devicemanagement und meine Devicesecurity verwalten kann. Es geht hierbei nicht nur um mobile Devices, sondern beispielsweise auch um IoT-Geräte. Das ist ein wichtiger Punkt, da dort die typischen Einfallstore liegen.

Im Bereich der Mitarbeiter im Unternehmen gibt es unsere UEBA (User and Entity Behavior Analytics). Der Mensch ist die Hauptfehlerquelle, nicht die IT. Es geht beim Monitoring und Auswerten von Daten nicht um Mitarbeiterperformance, sondern um flexible Sicherheitsfeatures für das Unternehmen. Das ist ein sehr sensibles Thema, was durch die Unternehmen gemeinsam mit den Betriebsräten klar definiert werden muss.

Wir bieten die Tools für eine End-to-End Strategie. Intelligente Software ist hier zielführend. Ein IT-Operator wird nie Zusammenhänge erkennen, die über einen Zeitraum von mehreren Monaten erfolgen. Durch Softwaretechnologie kann ich diese Zusammenhänge sehen und schnellstmöglich reagieren.

IT-Sicherheitsarchitektur für den Mittelstand

Die meisten kleinen und mittelständischen Unternehmen haben bei der IT-Sicherheit Nachholbedarf, wie viele Studien gezeigt haben. Die Ursachen liegen zumeist in fehlendem Know-how, unzureichenden personellen Ressourcen und knappen Budgets. Es ist jedoch ein weit verbreitetes Vorurteil, dass ein solides Sicherheitsniveau nur mit hohen Investitionen und hochqualifizierten Spezialisten erreicht werden kann. Das stimmt nicht. Die wichtigsten Erfolgsfaktoren sind ein gesunder Menschenverstand, durchdachte organisatorische Regelungen sowie zuverlässige und gut geschulte Mitarbeiter. Die wirksamsten Maßnahmen für mehr IT-Sicherheit sind überraschend einfach.

Einen guten Einstieg beim Aufbau einer individuellen IT-Sicherheitsarchitektur bietet der IT-Grundschutz des Bundesamtes für Sicherheit in der Informationstechnik. Aufgrund des Baukastensystems lässt er sich sehr einfach an die personellen und finanziellen Möglichkeiten kleiner und mittelständischer Unternehmen anpassen. Im Folgenden werden die wichtigsten organisatorischen und technischen Maßnahmen dieses IT-Grundschutzes beleuchtet.

Organisatorische Maßnahmen

Zu den organisatorischen Maßnahmen, die den Rahmen für einen maßgeschneiderten IT-Sicherheits-Schutzschirm bilden, zählen die Ermittlung des Status quo, die Identifizierung von Risiken, die Verwaltung von Datenträgern und Betriebsmitteln, die Festlegung von Schutzmaßnahmen, die Erarbeitung eines Sicherheits- und Benutzerkonzepts, die Erstellung eines Notfallplans sowie auch die regelmäßige Schulung aller Mitarbeiter. Regelmäßige Überprüfungen von Hard- und Software sowie generelle Regelungen für Reparatur und Wartung von IT-Geräten gehören ebenfalls zu den empfehlenswerten organisatorischen Maßnahmen. Unterstützung kann man bei der Erarbeitung dieser Maßnahmen unter anderem beim BSI (Bundesamt für Sicherheit in der IT) im Rahmen der IT-Grundschutz-Kataloge unter Punkt „M2 Organisation" finden.

Soll-Ist-Vergleich

Der Aufbau einer maßgeschneiderten IT-Sicherheitsarchitektur setzt zunächst die Ermittlung des aktuellen Zustands voraus. Dabei sollte die bestehende IT-Struktur inklusive aller bereits eingesetzter Sicherheitsmaßnahmen dokumentiert werden. In einem zweiten Schritt gilt es, mögliche IT-Sicherheitsrisiken zu identifizieren und Schutzmaßnahmen zu erarbeiten. Die meisten Risiken sind leicht erkennbar und lassen sich mit geringem Mitteleinsatz reduzieren. Eine gute und praxisorientierte Hilfe dabei ist der DsiN-Sicherheitscheck des Vereins Deutschland sicher im Netz unter der Schirmherrschaft des Bundesministerium des Inneren, für Bau und Heimat. Der Test wurde gemeinsam mit SAP, dem Deutschen Industrie- und Handelskammertag sowie der DsIN-Mitglieder AVIRA, DATEV und VdS Schadenverhütung erstellt und umfasst 24 Fragen, die sich innerhalb von zehn Minuten beantworten lassen. Neben einer Gesamtauswertung gibt der Onlinetest Empfehlungen für zu ergreifende Maßnahmen sowie zu weiterführenden Informationen. Der DsiN-Sicherheitscheck greift aktuelle Herausforderungen von Industrie 4.0 bis zur EU-Datenschutzgrundverordnung auf und geht auch auf die Versicherbarkeit von Cyberrisiken ein.

Zu lösende Aufgaben:

- Ermitteln Sie den Status quo Ihres Unternehmens.
- Führen Sie eine Risikoanalyse durch.
- Legen Sie Schutzmaßnahmen fest.

Sicherheitskonzept

Der Soll-Ist-Vergleich und die Risikoanalyse bilden die Basis für ein Sicherheitskonzept. Es beschreibt, mit welchen Maßnahmen die Sicherheitsziele im Unternehmen erreicht werden sollen und wer im Unternehmen für die Umsetzung verantwortlich ist. Wichtig ist, dass die Umsetzung des Sicherheitskonzepts von der Geschäftsleitung getragen und unterstützt wird. Denn nur, wenn die Geschäftsführung dem Thema IT-Sicherheit eine große Bedeutung zumisst, werden es auch die Mitarbeiter tun.

Zu lösende Aufgaben:

- Erstellen Sie ein IT-Sicherheitskonzept und halten Sie es aktuell.
- Überprüfen Sie die Wirkung von Sicherheitsmaßnahmen regelmäßig.
- Legen Sie Verantwortlichkeiten fest.
- Erstellen Sie ein Datensicherungskonzept.
- Erarbeiten Sie ein Konzept für den Schutz nach außen.

Benutzerkonzept

In einem Benutzerkonzept werden der Zugang und die Berechtigung zu einzelnen Informationen und Netzwerkkomponenten des Unternehmens geregelt. Nicht jeder muss alles wissen und auf alle Daten Zugriff haben – im Gegenteil. Gerade darin besteht, wie bereits dargestellt, eine enorme Gefahr und es ist eine der großen Ursachen für Datenvorfälle. Deshalb sollten die Zugriffsrechte innerhalb des Unternehmens für jeden Mitarbeiter entsprechend seiner

Position und Funktion klar geregelt werden, und sie sollten vor allem auch nach dem Ausscheiden des Mitarbeiters sofort gelöscht werden. Zugriffsrechtemanagement verhindert den unbefugten Zugriff auf Daten oder vermindert ihn zumindest drastisch und optimiert sicherheitsrelevante Prozesse innerhalb des Firmennetzwerks. Nutzen Sie dafür durchaus auch moderne Software, hierfür gibt es Spezialanbieter. Das Management von Zugriffsrechten verkleinert den Kreis möglicher Manipulierer. Denn Zugriffsrechte regeln nun, wer im Firmennetzwerk auf welche Ressourcen zugreifen kann. Wichtig ist, dass die Verantwortlichen für die Freigabe eindeutig benannt werden und es ein Verfahren gibt, das allen Mitarbeitern bekannt ist.

Zu lösende Aufgaben:

- Regeln Sie den Zugang zur Hard- und Software.
- Regeln Sie den Zugang zu Informationen und Datenbeständen.
- Legen Sie Verantwortlichkeiten für die IT-Administration fest.
- Regeln Sie Nutzerrechte bei Mitarbeiterwechsel, Wechsel in eine andere Abteilung oder Verlassen des Unternehmens neu.

Notfallkonzept

Kommt es in einem Unternehmen trotz präventiver Maßnahmen zu einem Schadensfall, ist es von entscheidender

Bedeutung, dass der gesamte IT-Betrieb schnellstmöglich wiederhergestellt wird. Dabei gilt: Je höher der Digitalisierungsgrad eines Unternehmens, desto wichtiger ist eine funktionierende Informationstechnik. Deshalb sollte es in jedem Unternehmen einen Notfallplan geben, in dem die wichtigsten Ansprechpartner und Maßnahmen zur Wiederherstellung der ausgefallenen Funktionen dokumentiert sind.

Zu lösende Aufgaben:

- Legen Sie einen Verantwortlichen fest, der das Notfallkonzept erstellt und aktuell hält.
- Bereiten Sie Ihre Mitarbeiter auf den schlimmsten Fall vor – so können alle rasch und passend reagieren.

Mitarbeiter-Schulungen

Der entscheidende Faktor bei der IT-Sicherheit sind wie bereits gesagt die Mitarbeiter – gerade deswegen zielen Angreifer oft auch auf sie ab. Sie sollten daher regelmäßig geschult werden, damit sie mögliche Risiken erkennen und sich entsprechend verhalten. Der Inhalt einer Schulung sollte alle wichtigen Aspekte zur IT-Sicherheit enthalten und die IT-Landschaft des jeweiligen Unternehmens vollständig abbilden. Kostenlose Schulungen bieten neben der Bitkom und der IHK auch die 27 bundesweiten Mittelstand 4.0-Kompetenzzentren. Sie sind die regionalen Hubs der Initiative »Mittelstand 4.0 – Digitale Produktions- und Arbeitsprozesse« des Bundeswirtschaftsministeriums, das kleine und mittelständische Unternehmen bei der Digitalisierung und Vernetzung unterstützt.

Zu lösende Aufgaben:

- Klären Sie alle Mitarbeiter über die Nutzung der IT auf.
- Bieten Sie für alle Mitarbeiter regelmäßig und verpflichtend Schulungen an.
- Sensibilisieren Sie Mitarbeiter durch das Aufzeigen potenzieller Schadensszenarien für das Thema IT-Sicherheit.

Technische Maßnahmen

Mit technischen Maßnahmen wie Firewalls, Verschlüsselung, Virenschutz, Updates und regelmäßigen Backups können Sie sich einen soliden Schutzschirm aufbauen, der Ihre Unternehmensdaten schon ziemlich gut vor dem unbefugten Zugriff Dritter schützt. Aber auch grundlegende Schutzmaßnahmen zur Gebäudesicherheit wie Zutrittskontrolle, Brandschutz und anderen Vorkehrungen zum Schutz der Infrastruktur spielen eine wesentliche Rolle. Ähnlich wie bei den organisatorischen Maßnahmen, die auch gemeinsam als technische und organisatorische Maßnahmen (TOMs) zusammengefasst werden, ist der individuelle, auf das Unternehmen zugeschnittene Maßnahmenkatalog entscheidend. Weitere Informationen finden Sie in den Maßnahmenkatalogen M1 bis M6 des IT-Grundschutzes des BSI.

Netzwerksicherheit

Um das Firmennetzwerk vor unberechtigten Zugriffen zu schützen, sollte eine Netzwerk- oder Hardware-Firewall installiert werden. Spezialisierte Hersteller für IT-Sicherheitsprodukte bieten solche Geräte an. Über detailliert konfigurierbare Regeln und Schutzschilde können der Netzwerkverkehr und Zugriffe von außen nach innen sowie innen nach außen weitestgehend geregelt werden.

Wer ein WLAN-Funknetz in seinem Unternehmen nutzt, sollte vor allem für Gäste ein eigenes Netzwerksegment vorhalten, über welches keine Verbindung zu internen Unternehmensdaten möglich ist. Bei der WLAN-Sicherheit sollte auf den höchstmöglichen Schutz durch Verschlüsselung, aktuell WPA2, geachtet werden.

Zu lösende Aufgaben:

- Dokumentieren Sie das Netzwerk mit seinen Komponenten.
- Achten Sie auf die Aktualität der Firmware.
- Installieren Sie zwischen Ihrem Netzwerk und dem Internet eine Firewall.
- Ändern Sie die Standardpasswörter und verwenden Sie sichere Passwörter.

- Achten Sie auf eine sichere Konfiguration, die keine Manipulation von außen ermöglicht.
- Beschränken Sie die Datenfreigaben und Zugriffsberechtigungen auf ein Mindestmaß.

Datensicherung

Kunden-, Auftrags-, Prozess- und Maschinendaten sind heutzutage das wertvollste Gut, das Unternehmen besitzen. Diesen Datenschatz ausreichend zu schützen, ist deshalb von elementarer Bedeutung. Denn bereits das versehentliche Löschen eines elektronischen Dokuments kann die Arbeit von Tagen oder Wochen zerstören, ein Festplatten-Crash für viele kleine und mittelständische Unternehmen unter Umständen sogar das Aus bedeuten. Dabei können nicht nur Viren, Würmer und Ransomware unternehmenskritische Daten vernichten. Mindestens genauso hoch ist das Risiko eines Datenverlusts durch Hard- oder Softwareausfälle oder durch Bedienungsfehler von Mitarbeitern. Organisieren Sie deshalb die zu sichernden Daten in einer klaren Struktur mit fest definierten Zugriffsrechten. Sichern Sie Ihre Daten je nach Erforderlichkeit mindestens einmal täglich. Der Sicherungsvorgang sollte am besten mittels Software automatisiert erfolgen. Als Grundsicherung reichen die vom Betriebssystem bereitgestellten Backup-Programme aus. Bei automatisierter Sicherung sollten Sie prüfen, ob die Datensicherung auch tatsächlich erfolgt ist und ob sie vollständig war. Sicherungsprogramme erstellen in der Regel ein Protokoll, aus dem Sie ersehen können, was und wann gesichert wurde und ob dabei Fehler aufgetreten sind. Besonders sensible Daten sollten zusätzlich verschlüsselt werden.

Die Sicherung der Daten kann prinzipiell auf jedem Speichermedium erfolgen. Wichtig ist dabei, dass dazu mehrere, räumlich getrennte Medien genutzt werden. Für kleine Budgets kann bereits der Einsatz von einigen externen Festplatten sinnvoll sein. Achtung: Alle Datenträger haben nur eine begrenzte Haltbarkeit. Deshalb sollten Sie sie permanent überprüfen und regelmäßig alle zwei bis drei Jahre austauschen. Auch wer einen Cloud-Server nutzt, tut gut daran, eine lokale Backup-Kopie anzufertigen. Bei einer Rücksicherung kann es aufgrund vieler Daten über eine verhältnismäßig langsame Internetverbindung zu unnötigen Verzögerungen kommen. Bewahren Sie die Sicherheitskopien an unterschiedlichen sicheren Orten auf. Eine Vorsorge gegen Feuer- und Wasserschäden ist übrigens eine zusätzliche Absicherung, die ich Ihnen ebenfalls ans Herz lege.

Zu lösende Aufgaben:

- Erstellen Sie eine Liste der wichtigsten Daten inklusive der Speicherorte.
- Überprüfen Sie die Liste in regelmäßigen Abständen auf Aktualität.
- Sichern Sie Ihre wichtigsten Daten regelmäßig.
- Verschlüsseln Sie geheime und/oder sensible Daten.

- Überprüfen Sie die Datensicherungen stets auf Funktion und Rückspielbarkeit.
- Testen Sie die Datenrücksicherung stichprobenartig.
- Dokumentieren Sie den Prozess der Datensicherung.
- Treffen Sie beim Arbeiten mit mobilen Datenträgern eine Regelung, wie die Daten gesichert werden.
- Gewährleisten Sie eine sichere Aufbewahrung der Speichermedien, sodass diese vor unberechtigtem Zugriff und Schäden durch Feuer und Wasser geschützt sind.
- Sorgen Sie dafür, dass im Störfall eine automatisierte Warnmeldung an den verantwortlichen Mitarbeiter versendet wird.

Verschlüsselung

Um Ihr Know-how sowie Ihre Kunden- und Auftragsdaten zu schützen, sollten Sie Ihre Datenträger, mobilen Geräte, E-Mail-Kommunikation sowie den Zugriff aufs Internet verschlüsseln. Es gibt dafür eine breite Auswahl an kommerziellen und Open-Source-Verschlüsselungsprogrammen. Achten Sie darauf, dass die Verschlüsselungslösung einfach zu bedienen ist und einen Schlüssel mit einer Länge von mindestens 128 Bit hat. Alternativ zur Verschlüsselung mit einer Software gibt es die Möglichkeit, Daten hardwareseitig zu verschlüsseln. Neuere Systeme verfügen bereits über diese Möglichkeit einer kompletten Festplattenverschlüsselung. Gleich nach dem Systemstart erfolgt hier die Eingabe eines zusätzlichen Kennwortes, erst danach startet das Betriebssystem.

Zu lösende Aufgaben:

- Identifizieren Sie sicherheitskritische Datenbestände.
- Verschlüsseln Sie sicherheitskritische Datenbestände per Software.
- Verschlüsseln Sie Ihre Festplatten und mobilen Geräte.
- Verschlüsseln Sie Ihre gesamte E-Mail-Kommunikation.

Virenschutz

Antivirenprogramme sind im Grunde für alle Unternehmen ein Muss. Diese sollten sich nicht nur auf die Rechner beschränken, sondern auch Server, Drucker, Kopierer, Produktionsanlagen und mobile Endgeräte schützen. Parallel dazu sollten Sie Ihre Mitarbeiter für die Gefahren sensibilisieren. Denn durch bewusstes Handeln auf Basis weniger Grundsätze können die größten Gefahrenquellen bereits ausgeschaltet werden: So sollten Ihre Angestellten niemals unbekannte E-Mail-Anhänge herunterladen oder öffnen, keine Daten von Internetseiten unbekannten Ursprungs herunterladen oder Datenträger wie zum Beispiel unternehmensfremde USB-Sticks verwenden.

Zu lösende Aufgaben:

- Analysieren und dokumentieren Sie alle relevanten Schnittstellen, über die das Eindringen von Schadsoftware möglich ist.
- Überprüfen Sie, ob auf allen Geräten ein Schutzprogramm installiert ist.
- Die Schutzsoftware sollte so konfiguriert sein, dass eine automatische, zentrale Aktualisierung erfolgt.
- Prüfen Sie stichprobenartig und wiederholt, ob die Schutzsoftware auf einem aktuellen Stand ist.
- Achten Sie darauf, dass Systeme, auf denen keine Schutzprogramme installiert werden können, keine Internetverbindung haben und durch separate Firewalls abgeriegelt werden.
- Denken Sie daran, mobile Endgeräte wie Tablets und Smartphones ebenfalls mit einem Schutzprogramm zu versehen.
- Beachten Sie bei der Softwareauswahl eventuell vorhandene heterogene Systeme.
- Das Virenschutzprogramm sollte Schadprogramme in aktiven Inhalten erkennen.
- Zum sicheren Surfen im Internet empfiehlt sich die Einrichtung eines Webfilters, der den Zugriff nur auf freigegebene Internetseiten ermöglicht.
- Zusätzlich können in Internet-Browsern Add-ons installiert werden, die das Ausführen von Scripten unsicherer Domains verhindern.

Updates

Achten Sie darauf, dass die in Ihrem Unternehmen eingesetzte Hard- und Software immer auf dem neuesten Stand ist. Denn die von den Herstellern angebotenen Aktualisierungen verbessern nicht nur Ihre Software, sondern schließen auch bekannt gewordene Sicherheitslücken. Verschaffen Sie sich einen Überblick über alle IT-Komponenten und Programme. Viele Softwareprogramme ermöglichen die Einstellung einer automatischen Aktualisierung. Achten Sie bereits bei der Neuanschaffung von Software auf die sich anschließenden Maintenance-Optionen. Falls diese Softwarepflege für Ihre Programme bereits ausgelaufen ist, informieren Sie sich über Upgrade-Möglichkeiten.

Zu lösende Aufgaben:

- Erstellen Sie eine Liste aller genutzten Programme und Systeme.
- Prüfen Sie jedes gelistete Programm und System auf die Möglichkeit von Updates.
- Bei Software: Starten Sie die Anwendung und geben Sie dort in der Hilfefunktion das Suchwort »Update« ein.
- Bei Hardware: Lesen Sie die aktuelle Firmware-Version aus und suchen Sie beim Hersteller nach neueren Versionen.

Experteninterview mit Hans-Wilhelm Dünn

Präsident Cyber-Sicherheitsrat Deutschland e.V.

Worin bestehen die relevantesten IT-Sicherheitsrisiken in den Unternehmen?

Unternehmen sehen sich immer professioneller operierenden Cyberkriminellen ausgesetzt, die ihre Angriffsvektoren verfeinern und mit einem immer höheren Aufwand Schwachstellen ausfindig machen und ausnutzen. Selbst vor zeitintensiven Vorgehensweisen wird nicht zurückgescheut, etwa wenn die Angriffe über die Netzwerke von Zulieferern oder Geschäftspartnern erfolgen. Unterschiedliche Cybersicherheitsniveaus im Kontext von Handelsbeziehungen sind somit ein Hauptrisiko.

Gleichzeitig wächst mit der digitalen Transformation die Angriffsfläche. Durch den vermehrten Gebrauch mobiler Endgeräte und das Wachstum des Internet of Things entstehen zahlreiche Schnittstellen mit Unternehmensnetzwerken. Diese Unübersichtlichkeit ist ein großer Unsicherheitsfaktor: Die eigenen IT-Systeme müssen verstanden und unter Kontrolle behalten werden. Deswegen müssen alle Abteilungen eines Unternehmens über Mindestkenntnisse in puncto Cybersicherheit verfügen, die Verantwortung hierfür obliegt längst nicht mehr ausschließlich den IT-Spezialisten. In diesem Sinne stellen auch Kommunikationsbarrieren und Interessensunterschiede zwischen der technisch-operativen und der administrativen Führungsebene ein Sicherheitsrisiko dar. Wenn Entscheider Produktivität über Sicherheit stellen und Budgets nicht richtig einstellen, ist eine belastbare Cybersicherheitsstruktur unmöglich. Gleichermaßen müssen die Mitarbeiter in diese Struktur integriert werden. Häufig sind der Faktor Mensch und fahrlässiges Onlineverhalten das Einfallstor für Cyberkriminelle, sodass entsprechende Informations- und Unterrichtungsmaßnahmen notwendig sind.

Welches IT-Sicherheitsniveau haben deutsche Konzerne und mittelständische Unternehmen im weltweiten Vergleich?

Die deutsche Wirtschaft ist sich grundsätzlich ihrer globalen Bedeutung und der damit einhergehenden Attraktivität für Cyberkriminalität in Form von Spionage oder sogar Sabotage bewusst. Dementsprechend wurde, auch aufgrund spektakulärer, großflächiger Cyberangriffe, auf die gegebene Notwendigkeit mit angemessen Schutzmaßnahmen reagiert. Kritisch im internationalen Vergleich ist jedoch der Mangel an IT-Sicherheitsfachkräften, während man in anderen Ländern auf einen größeren Pool an Know-how und stärkeres Personal zurückgreifen kann. Deswegen brauchen wir endlich Lehr- und Ausbildungskonzepte, die IT-Kenntnisse vermitteln und Talente fördern.

Mit welchen Cyberbedrohungen müssen wir innerhalb der nächsten fünf bis zehn Jahre rechnen?

Insgesamt kann man mit einer weiteren Professionalisierung der Cyberkriminellen sowie einer Fortschreibung der Digitalisierung rechnen. Zudem bieten die Technologien der Zukunft, wie zum Beispiel künstliche Intelligenz, nicht nur Chancen für eine Verbesserung der Lebensqualität, sondern gleichermaßen Potenzial für kriminellen bis hin zu terroristischen Missbrauch. Somit steigt das potenzielle Ausmaß erfolgreicher Cyberangriffe, vor allem, wenn kritische Infrastrukturen ins Visier genommen werden. Des Weiteren wird der Cyberraum bei kriegerischen Auseinandersetzungen eine immer wichtigere Rolle spielen. Bereits heute haben staatliche Cyberaktivitäten geopolitische und diplomatische Konsequenzen.

Jedoch liegt es in unserer Hand, diese Szenarien abzuwehren. Wir müssen den Diskurs um die drängenden Fragen der Cybersicherheit annehmen und nach unseren Ideen gestalten, auf Basis eines internationalen und vertrauensvollen Dialogs, der auf allen Ebenen stattfindet: Staat, Wirtschaft, Wissenschaft und Gesellschaft.

Inwieweit hilft der Cyber-Sicherheitsrat Deutschland e.V. Unternehmen?

Der Cyber-Sicherheitsrat Deutschland e. V. unterstützt Unternehmen durch vielfältige Angebote. Einerseits ermöglichen wir den fachlichen Austausch der Entscheidungsträger von Anwendern und Anbietern durch die Veranstaltung von Fachforen, Paneldiskussionen oder Hub-Sitzungen. Andererseits generieren wir durch informelle Formate das Vertrauen aller Beteiligten untereinander. Außerdem agieren wir sektorenübergreifend, sodass ein direkter Dialog mit Politik und Sicherheitsbehörden stattfinden kann.

Der Bindig IT-Security Score: eine maßgeschneiderte IT-Sicherheitsarchitektur aufbauen

Um herauszubekommen, wie sicher Ihr Unternehmen ist, müssen Sie Ihre IT systematisch checken. Dafür habe ich den Bindig IT-Security Score entwickelt. Er orientiert sich an den wichtigsten Elementen einer idealtypischen IT-Sicherheitsarchitektur. Der Bindig-Score ist bewusst auf zehn elementare Punkte beschränkt. Damit ermöglicht er Ihnen eine erste Kurzeinschätzung. Schließlich sollen Sie sich nicht verzetteln und nur die wesentlichen Punkte abklären, um festzustellen, wie gut sie gewappnet sind. Freilich gibt es viel mehr Aspekte, von denen ich etliche in diesem Buch beschrieben habe, und der Bindig-Score ersetzt auch keine tiefgründige Analyse und Beratung.

Können Sie auch nur eine der Unterfragen nicht mit Ja beantworten, so gilt für die jeweilige Frage ein Nein. Auch wenn Sie nicht sicher sind, wählen Sie ein Nein, schließlich können Sie den jeweiligen Punkt nicht als »sicher«

deklarieren. Am Ende rechnen Sie alles zusammen und erfahren dann, wie gut Ihr Unternehmen/Ihr System in Sachen Datensicherheit aufgestellt ist.

1. Mitarbeiter: Sicherheitsbewusstsein und Schulung
   a. Werden Mitarbeiter regelmäßig zu IT-Sicherheitsthemen geschult?
   b. Gibt es ein anonymes Meldesystem für Sicherheitsvorfälle durch Mitarbeiter?
   c. Werden Verstöße registriert und gegebenenfalls geahndet?

2. IT-Sicherheit: Know-how im Unternehmen
   a. Haben Sie einen IT-Sicherheitsspezialisten beauftragt oder haben Sie gar einen direkt im Haus?
   b. Sind Test-Umgebungen vorhanden für sicherheitsrelevante Simulationen?

3. IT-Organisation, Sicherheitsmanagement, Verantwortlichkeiten
   a. Sind Zuständigkeiten, Budget und Verantwortlichkeiten für IT-Sicherheitsmaßnahmen klar geregelt?
   b. Sind die Sicherheitsrichtlinien allen bekannt?
   c. Werden alle aktuellen gesetzlichen Bestimmungen berücksichtigt?

4. IT-Sicherheit: interne Unternehmenspolitik, Richtlinien und deren Umsetzung
   a. Gibt es ein strukturiertes Patchmanagement (Updates von Treibern und Software)?
   b. Werden die IT-Anwender durch Benutzerprofile/-rollen kategorisiert (Einordnung nach Abteilungen oder Aufgaben)?
   c. Gibt es Checklisten in Hinblick auf die IT beim Eintritt und dem Ausscheiden von Mitarbeitern?

5. Passwortmanagement und Verschlüsselung
   a. Gibt es Passwortrichtlinien, etwa zur Komplexität des Passworts, und regelmäßige Aktualisierungen?
   b. Werden die Passwörter zentral verwaltet und Zugriffe protokolliert?
   c. Falls voreingestellte Passwörter existieren – ist sichergestellt, dass voreingestellte Passwörter geändert werden müssen?

6. Netzwerksicherheit: Zugriff von innen und außen
   a. Existiert eine Firewall mit aktuellen Sicherheitsabonnements und Paketregeln?
   b. Wird bei Auffälligkeiten ein Alarm ausgelöst?
   c. Werden Auffälligkeiten protokolliert?
   d. Befinden sich WLAN-Netzwerke getrennt in virtuellen Netzwerken (VLAN) und sind damit von den lokalen Netzwerken logisch getrennt?

7. Mobile Device Management (mobile Geräte)
   a. Wird der Netzwerkverkehr von und zu mobilen Geräten seitens der Firewall überwacht und protokolliert?
   b. Ist die Nutzung von Internetanwendungen und E-Mails auf mobilen Geräten ausschließlich für geschäftliche Prozesse gestattet?
   c. Sind die mobilen Geräte verschlüsselt?

8. Datensicherungskonzepte
   a. Ist eine Backup-Strategie vorhanden?
   b. Sind dezentrale und mobile Systeme in Datensicherungen integriert?
   c. Werden regelmäßige Überprüfungen durchgeführt, ob die Backups auch tatsächlich funktioniert haben?

9. Allgemeine Sicherheitsvorkehrungen
   a. Werden die Datenträger sicher und sorgfältig aufbewahrt?
   b. Gibt es eine Zutrittskontrolle und eine Zutrittsprotokollierung für die Räumlichkeiten, in denen die Datenträger lagern?
   c. Sind die Räumlichkeiten, in denen sich die Datenträger und Sicherheitskopien befinden, gegen Diebstahl, Feuer und Wassereintritt geschützt?

10. Notfallmanagement
    a. Ist ein schriftlicher Risiko-Plan vorhanden?
    b. Ist die Weiterarbeit bei einem IT-Ausfall geregelt?
    c. Existiert ein Notfallplan, der auch interne und externe Ansprechpartner, Vertretungsfunktionen und wichtige Zugangsdaten des Verantwortlichen beinhaltet?
    d. Werden regelmäßig Tests und Notfallübungen abgehalten?

Ergebnisse und Auswertung des Bindig IT-Security Scores

- **10 bis 9 Mal Ja – Security-Platinum:** Super! Sie sind weitestgehend abgesichert. Zur dauerhaften Sicherheit sollten Ihre Konzepte, Maßnahmen und Aktivitäten regelmäßig überprüft und dem Stand der Technik und der Unternehmensentwicklung angepasst werden.
- **8 bis 5 Mal Ja – Security-Bronze:** Gut, dass Sie IT-Sicherheit im Unternehmen ernst nehmen. Sie sind auf vielen Gebieten geschützt. Um jedoch eine umfassende Sicherheit zu erzielen, sollten Sie schnellstmöglich alle anderen offenen Punkte beheben. Denn IT-Sicherheit beziehungsweise Angriffe darauf haben immer das schwächste Glied der Kette im Blick.

- **4 bis 0 Mal Ja – Security-Blech:** Ihr System ist völlig ungeschützt und steht da wie ein offenes Scheunentor. Sie sollten dringend die Priorität der IT-Sicherheit in Ihrem Unternehmen erhöhen. Wie beschrieben, hängt die Existenz Ihres Unternehmens im Zweifel von der IT-Sicherheit ab. Es ist daher grob fahrlässig, diese so zu ignorieren.

Selbstverständlich ergeben sich aus der Verneinung einzelner Fragen und darüberhinausgehenden Punkten automatisch zu lösende Aufgaben für Sie. Wenn Sie also nicht über die folgenden Dinge verfügen, müssen Sie entsprechende Maßnahmen einleiten und sich womöglich dazu auch Hilfe von außen holen. Sie sollten dann also:

- ein IT-Sicherheitskonzept erstellen,
- einen IT-Sicherheitsbeauftragten einstellen oder beauftragen,
- einen Notfallplan anlegen und im Unternehmen kommunizieren,
- mehrere regelmäßige Backups organisieren und diese räumlich getrennt auf einem zweiten Medium speichern,
- bei der Zusammenarbeit mit anderen Unternehmen auf deren IT-Sicherheit und Datenschutz achten, etwa die ISO 27001-Zertifizierung.
- Ergründen Sie daneben weitere Fragen:
- Wie oft hatte Ihr Unternehmen in den letzten fünf Jahren einen Datenverlust?

- Was war die Ursache für den Datenverlust?
- Werden Datenträger nach Ausmusterung sicher gelöscht oder vernichtet?
- Werden Daten verschlüsselt gespeichert?
- Wie gut ist Ihr Unternehmen auf die DSGVO vorbereitet?
- Welcher Schaden wäre für Ihr Unternehmen am schlimmsten?

Zwischenfazit: Just do it!

Bereits mit einfach zu realisierenden Maßnahmen – etwa anhand der Checkliste des Bindig IT-Security Scores – können Sie Ihr Unternehmen für ein gutes Sicherheitsniveau vorbereiten. Das wichtigste jedoch ist, sich der Herausforderung zu stellen und IT-Sicherheit im Unternehmen zu budgetieren und umzusetzen. Ganzheitliche IT-Security-Projekte sind langfristig, in kleinen Schritten jedoch gut umzusetzen. Beginnen Sie am besten noch heute mit der strategischen Planung.

Alle wichtigen Punkte finden Sie zusammengefasst im Kapitel »IT strategisch managen – Datensicherheit ist Chefsache«.

Professionelle Datenwiederherstellung

Nach Angaben des EMC Data Protection Index liegt der wirtschaftliche Schaden, der deutschen Unternehmen durch Datenverluste aufgrund von fehlerhaften oder beschädigten Datenträgern entsteht, bei rund 34 Milliarden Euro pro Jahr. Doch nicht alle verloren geglaubten Daten sind wirklich unwiderruflich weg. Professionelle Datenretter wie die DATARECOVERY® in Leipzig können über 95 Prozent der Daten rekonstruieren.

Was sollte man tun, wenn der Ernstfall eingetreten ist?

Was man absolut vermeiden sollte, ist, selbst an den betroffenen Datenträgern »herumzuexperimentieren«. Damit riskiert man irreversible Schäden. Ich habe schon oft erlebt, dass Kunden Festplatten mit brachialer Gewalt geöffnet haben, um einfach nur zu schauen, ob man da selbst was machen oder diese nach YouTube-Anweisung reparieren könne. Das sollte man in jedem Fall unterlassen. Eine Festplatte darf nur mit Spezialwerkzeug in einem Reinraum geöffnet werden. Denn jedes Staubkorn kann bereits eines zu viel sein. Es kommt dann häufig zu Oberflächenschäden, also zum Zerkratzen der Magnetscheiben, und das macht die ganze Sache nur noch schlimmer. Wenn wichtige Daten betroffen sind, sollte man sich an ein professionelles Datenrettungsunternehmen wenden. Die konkret definierte Reaktion sollte jedoch im Notfallplan zu finden sein.

Wir haben für den Fall des Datenverlusts festgelegt,

Quelle: www.techconsult.de

Wie funktioniert die Datenrettung am Beispiel von Festplatten?

Ausgestattet mit ESD-Schutzkleidung starten die Datenrettungsingenieure zunächst mit einer Analyse der Festplatte.

Die liegt im Normalfall nach ein bis zwei Tagen vor und wird dem Kunden zusammen mit dem Kostenvoranschlag zugestellt. Ist er einverstanden, startet der Vorgang Datenrettung. Wenn es sich nur um einen Headcrash handelt, werden die Schreib- und Leseköpfe gegen eine funktionierende Einheit ausgetauscht und die Steuerung neu justiert. Liegt allerdings eine schwerere Beschädigung zum Beispiel auf der Datenträgeroberfläche, also den magnetbeschichteten Scheiben vor, werden die Daten in einem aufwendigen Verfahren nach einer speziellen Reinigung der Magnetfläche im Bereich außerhalb der Beschädigungen ausgelesen. Die restlichen nicht lesbaren Daten werden später anhand der vorliegenden Fragmente rekonstruiert.

Wie werden Daten wiederhergestellt?

Die im ersten Schritt ausgelesenen sogenannten Rohdaten sind für sich genommen oft nicht lesbar. Während der »logischen Rekonstruktion« werden sie in mehreren Arbeitsschritten manuell, halbautomatisch sowie mithilfe spezieller Software Bit für Bit wiederhergestellt. Je nach Schweregrad der Beschädigung kann diese »Reanimation« zwischen einigen Stunden und mehreren Wochen dauern. So zum Beispiel, wenn die Daten noch verschlüsselt waren. Dann steigt der Aufwand, weil die Entschlüsselung von Daten, die sich auf einer kaputten Festplatte befinden, wesentlich komplizierter ist. Nach erfolgreicher Datenrettung werden die wieder konsistenten, also lesbaren Daten an den Eigentümer meist auf einem neuen Datenträger oder auch per Datenserver übertragen.

Geht es bei der Datenrettung nur um Festplatten oder auch um andere Speicherarten?

Im Zuge des technischen Fortschritts der letzten Jahrzehnte gehören Festplatten technisch schon fast zu den Dinosauriern. Aufgrund der niedrigen Kosten pro Speichereinheit werden sie jedoch weiterentwickelt und auch nach wie vor am häufigsten eingesetzt. Aber der Einzug der sogenannten Flash-Speicher ist nicht aufzuhalten. Neben USB-Sticks, Speicherkarten für digitale Kameras und Smartphones sind Solid-State-Drives (SSD) im Notebook-Bereich, aber auch im professionellen Server-Umfeld mittlerweile Standard. Es gibt bereits sogenannte All-Flash-Array-Storage, also Enterprise-Speicher-Infrastruktur, die ausschließlich auf Flash-Speicher aufbaut. Deshalb ist es natürlich wichtig, dass auch solche Datenträger im Bedarfsfall wiederhergestellt werden können. Entgegen der magnetischen Festplattenspeicher stellen sich für Datenrettungsunternehmen andere Herausforderungen an die Wiederherstellung von Flash-Speichern. Oft sind bei einem Ausfall Controller innerhalb der Speichermedien, die für die gleichmäßige Verteilung der Daten innerhalb der Speichermodule verantwortlich sind, defekt. Durch die hohe Fragmentierung der Daten wird es meist erforderlich, dass sämtliche Speicherzellen ausgelesen werden und später durch eine Art logische Simulation wieder in ein harmonisches Gesamtkonstrukt gebracht werden. Das so genannte Speicherlayout ist oft jedoch individuell und unbekannt und muss mittels Reverse Engineering ausfindig gemacht werden.

Wie erfolgt die Wiederherstellung von Daten bei Serverdaten, die über mehrere Datenträger verteilt sind?

Die Anforderungen der professionellen Datenwiederherstellung haben sich im Zuge der technischen Entwicklung auch im Enterprise Speichersegment deutlich erhöht. Auch wenn Festplattenverbünde (auch als RAID bezeichnet) schon seit mehreren Jahrzehnten zum Einsatz kommen, hat die Menge der Abstraktionsebenen deutlich zugenommen. Die Hardwareebene spielt im Hinblick auf die Datenorganisation zunehmend eine kleinere Rolle. Dazu kommen neue virtuelle Speicherebenen, die sich in der Regel auf einer Vielzahl von bereits gruppierten Datenträgerverbünden organisieren. Das schafft zum einen ein hohes Maß an Ausfallsicherheit und Unabhängigkeit gegenüber spezifischen Hardware- und Ersatzteilanforderungen, zum anderen jedoch ein hohes Niveau für den, wenn auch seltenen, Fall einer notwendigen Datenwiederherstellung. Der Ablauf einer solchen Rettungsmaßnahme ist sehr stark abhängig vom jeweiligen Schaden und dessen Vielschichtigkeit. In aller Regel kann eine professionelle Wiederherstellung ohne vorhandene Datensicherungen durch einen aufwändigen Analyse- und Reverse Engineering Prozess möglich gemacht werden. Die Herausforderungen liegen hier also auf logischer Ebene, weniger auf einer hardwareseitigen Reparatur von Festplatten oder SSDs.

Anforderungen bei der Datenlöschung

Mit Inkrafttreten der neuen EU-Datenschutz-Grundverordnung gelten für Unternehmen hohe Datenschutzanforderungen auch beim Löschen von Daten. Wer denkt, dass ein einfacher Löschbefehl reicht, liegt falsch. Denn Betriebssysteme wie Windows schützen recht gut vor Datenverlust und machen es damit schwer, Daten wirklich sicher und endgültig zu entfernen. Wenn man beispielsweise eine Datei löscht oder in den Papierkorb verschiebt, ist sie noch lange nicht weg. Die betroffene Datei wird zwar nicht mehr angezeigt, ihr Inhalt ist aber meistens noch vorhanden. Und so kommt es immer wieder vor, dass Festplatten mit Ausschreibungsunterlagen, Gehaltslisten, Verhandlungsprotokollen, unverschlüsselten Kundendaten oder internen Zugangsdaten im Müll gefunden werden. Diese Beispiele zeigen, wie fahrlässig Unternehmen mit ihren Daten umgehen.

Laut DSGVO beinhaltet umfassender Datenschutz aber auch die korrekte Vernichtung von Daten. Dabei muss bei jeder einzelnen Festplatte dokumentiert werden, wie sie gelöscht wurde. Bei mangelhafter Löschung und daraus resultierenden Datenschutzvorfällen mit personenbezogenen Daten drohen hohe Geld- oder sogar Freiheitsstrafen. Wer auf Nummer sicher gehen will, lässt seine Datenträger von einem professionellen Datenvernichtungsunternehmen zerstören – und kann die korrekte Löschung dann mit einem digital signierten und revisionssicheren Löschbericht beziehungsweise Vernichtungszertifikat nachweisen.

Um Datenträger wirkungsvoll und professionell zu löschen, gibt es unterschiedliche Verfahren.

Löschen durch Überschreiben

Soll eine Datenlöschung per Überschreiben erfolgen, werden die Daten mit zufälligen Zahlen überschrieben. Um größtmögliche Sicherheit zu garantieren und das Risiko einer Rekonstruktion mit Datenwiederherstellungsmaßnahmen weitestgehend zu minimieren, wird der Vorgang des Überschreibens mehrfach wiederholt. Das kann je nach Datenträger zwischen wenigen Stunden bis zu mehreren Tagen dauern. Für die einzelnen Löschmethoden gibt es internationale Sicherheitsstandards, die zuvor im IT-Sicherheitskonzept berücksichtigt werden sollten.

Entmagnetisieren

Entmagnetisieren ist die schnellste Methode der professionellen Vernichtung von Daten. Sogenannte Degausser richten mit einem starken Magnetfeld alle magnetischen Partikel innerhalb von Sekunden zufällig neu aus. So verschwinden Spuren- und Serviceinformationen sowie sämtliche normalerweise nicht erreichbaren Bereiche. Es gibt mobile Degausser, durch die Sie die Datenvernichtung vor Ort überwachen können. Allerdings muss bei der Wahl des Degaussers auf eine ausreichende Magnetstärke geachtet werden. Aufgrund der heute hohen Datendichte und damit verbundenen starken Magnetisierung von Festplatten sind besonders starke Elektromagnete erforderlich, um die Daten vollständig zu vernichten.

Starkes Erhitzen

Eine weitere Möglichkeit, um die Magnetpartikel auf Datenträgern neu auszurichten, ist das Erhitzen des Materials auf Curie-Temperatur, also die Temperatur, bei der die Ordnung der magnetischen Momente aufgrund der thermischen Bewegung zusammenbricht. Bei üblichen Festplatten passiert das bei etwa 800 Grad Celsius. Um diese Temperatur zu erreichen und Datenträger professionell zu löschen, sind spezielle Öfen notwendig.

Das Schreddern von Datenträgern

Noch brachialer als die soeben genannten Verfahren ist die Vernichtung von Datenträgern durch Schredder, die Festplatten mechanisch je nach gefordertem Sicherheitslevel gemäß DIN 66399 in winzige Stücke zerteilen. Einige Unternehmen setzen zusätzlich noch auf das Mahlen der Reststücke.

Zwischenfazit: Angst vor Datenverlust sollte kein Hemmnis sein

Die gute Nachricht zuerst: Durch menschliches Versagen verloren gegangene oder durch cyberkriminelle Angriffe gestohlene Daten lassen sich oft mit einer guten Erfolgswahrscheinlichkeit wiederherstellen. Vor diesem Hintergrund darf die Angst vor Datenverlust nicht länger die Digitalisierung im Mittelstand ausbremsen. Wenn Sie Ihre IT-Sicherheitsarchitektur nach dem Bindig IT-Security Score aufbauen, haben Sie einen guten IT-Grundschutz, um mit einer dazu maßgeschneiderten Digitalisierungsstrategie in Richtung Zukunft durchzustarten.

Ein oftmals übersehener und im Zuge des Datenschutzes höchst relevanter Bereich ist die Löschung nicht mehr benötigter Daten, auf die Unternehmen ebenso wie auf den Schutz unbedingt Ihr Augenmerk richten sollten. Ob durch Überschreiben der Daten oder gänzliches Vernichten der Datenträger – eine Richtlinie sollte dies im Unternehmen regeln.

Experteninterview mit Arnold Krille

CEO der cognitix GmbH

Wie schätzen Sie den Stand deutscher mittelständischer Unternehmen in Sachen IT-Sicherheit ein?

Im Punkt IT-Sicherheit gibt es im deutschen Mittelstand einiges zu tun. Leider haben bisher nur die größeren Unternehmen mit eigener IT-Abteilung eine Chance, die IT-Sicherheit auch adäquat zu behandeln. In kleinen Unternehmen ist die IT sehr häufig Stückwerk und hält zwar den Betrieb zusammen, aber die Sicherheit wird mehr durch Träume aufrechterhalten und durch das Glück, selbst noch nicht von einer Attacke betroffen gewesen zu sein. Meist geht ein »Bei uns gibt es ja nichts zu stehlen« einher mit ausgedehnter Nutzung der »kostenlosen« Cloud-Lösungen. Dass dabei die Datensicherheit auf der Strecke bleibt, ist den wenigsten bewusst.

Aber auch größere Firmen bekommen schnell ein Problem mit der sogenannten Schatten-IT, also wenn IT-Infrastrukturen an der zentralen IT vorbei geschaffen werden. Wenn die Unternehmensdaten eben nicht im zentralen Fileshare, sondern bei einem Cloud-Dienstleister liegen, weil dann der Austausch mit dem Home-Office viel leichter geht. Oder der Arbeitsplatzrechner eines Kollegen zum zentralen Fileshare einer Abteilung wird, weil auf dem Share der zentralen IT nicht jeder alle Rechte hat. Und die nötigen Wartungszugänge oder Datenschnittstellen der Lieferanten oder Geschäftspartner sorgen regelmäßig für eine Firewall, die löchrig ist wie ein Stück Schweizer Käse.

Wo lauert Ihrer Meinung nach die größte Gefahr für Unternehmen?

Die meisten Verantwortlichen für Netzwerksicherheit wissen leider gar nicht, was in ihren Netzwerken passiert. Wir haben zwar Firewalls, Intrusion-Detection-Systeme, Security-Information-und-Event-Management-Systeme, Endpoint Security und Identity and Access Management. Aber dann zeigen uns Netzwerkdrucker, VoIP-Telefone, smarte Fernseher und die Gebäudeautomatisierung mit ihren vielen Sicherheitslücken auf, wie blind wir doch sind und wie wenig wir über die Vorgänge in unseren eigenen Netzwerken verstehen.

Daraus ergeben sich Folgen, die schädlich für die Unternehmen sind: Administratoren und Sicherheitsverantwortliche verlieren das Vertrauen in die eigene Netzwerkinfrastruktur. Und es wird schnell reagiert mit Sicherheitsrichtlinien, die gar nicht passen. Diese unpassenden Richtlinien, egal ob »manuell« beim Benutzer oder technisch durchgesetzt, sind in ihrer Wirkung gegen Angriffe begrenzt und halbherzig, schränken aber schnell den produktiven Betrieb ein. Und wenn die Produktivität sinkt, arbeiten Mitarbeiter um die Beschränkungen herum und invalidieren damit die Sicherheitsvorkehrungen. Manchmal erzeugen die Mitarbeiter damit sogar größere Probleme als eigentlich durch die Richtlinie gelöst werden sollten.

Außerdem öffnen unpassende Sicherheitsrichtlinien unter Umständen auch dem Angreifer Tür und Tor. Und selbst wenn die Angreifer keine Daten stehlen oder Prozesse stören oder unterbrechen, so belegen sie doch Ressourcen, die eigentlich im Unternehmen selbst genutzt werden sollten. Und gerade diese nicht offensichtlich bösartigen Angreifer sind am schwersten zu entdecken und können nur gefunden werden, wenn man das Netzwerk und das Verhalten der Nutzer und Geräte genau im Blick behält.

Wie können Unternehmen sich proaktiv vor Cyberkriminalität schützen?

Auf der technischen Ebene müssen die Verantwortlichen den Überblick über das Unternehmensnetzwerk und die Kommunikation darin haben beziehungsweise gewinnen. Es reicht nicht mehr, nur den Datenverkehr nach »draußen« in das Internet zu überwachen. Auch die Kommunikation zwischen den Geräten im Netzwerk ist wichtig und muss beobachtet und kontrolliert werden. Die wenigsten Bedrohungen heutzutage kommen direkt aus dem Internet, bis zu 80 Prozent aller Attacken starten im eigenen Netzwerk. Und jede Attacke versucht erst mal, sich innerhalb des Netzwerkes auszubreiten. Da die Attacken von heute sich gut im normalen Netzwerkverkehr verstecken, muss das gesamte Verhalten der Geräte analysiert werden. Dafür muss der komplette Netzwerkverkehr, auch der zu internen Ressourcen, beobachtet werden. Nur dann können Verhaltensänderungen durch Angriffe erkannt und unterbunden werden. Lösungen wie der cognitix Threat Defender helfen dabei, im Netzwerk diese Transparenz herzustellen und Verhaltensänderungen zu erkennen und darauf in Echtzeit zu reagieren.

Aber die technische Durchsetzung muss mit einer sozialen Sensibilisierung einhergehen. Erst wenn der Mitarbeiter verstanden hat, warum er nicht gleichzeitig auf dubiosen Webseiten für sein Hobby recherchieren und währenddessen im Enterprise Resource Planning (ERP) arbeiten soll, wird er die Firewall-Regel auch akzeptieren. Nur wenn der Mitarbeiter den Wert der Unternehmensprozesse kennt, wird er selbst motiviert sein und alles tun, um diese Prozesse und Werte nicht durch eigene Fehler in Gefahr zu bringen. Das setzt allerdings auch voraus, dass die IT-Abteilung performant und agil ist, um die Anforderungen der Prozesse und Änderungen in den Prozessen adäquat umzusetzen. Wenn für ein dreiwöchiges Projekt ein zentraler Speicherplatz mit Zugang für alle Beteiligten benötigt wird und die IT-Abteilung vier Wochen benötigt, um diesen bereitzustellen, dann ist der Griff zu unerwünschten Fremddiensten vorprogrammiert.

Gibt es Security-Workflows, die ohne eine komplette Neuplanung von IT-Infrastrukturen umgesetzt werden können?

Die IT-Infrastruktur ist meist mit dem Unternehmen und seinen Geschäftsprozessen gewachsen. Security-Workflows, die eine Neuplanung der IT-Infrastruktur zur Folge haben, erfordern daher meist auch eine Neuplanung der Unternehmensprozesse. Das geht meist mit massivem Aufwand, massiven Änderungen und massiven Kosten einher. Es stellt sich also meistens die Frage, ob das nötig ist.

Egal ob alle Unternehmensprozesse neu geplant und abgesichert werden oder nur die bestehenden Prozesse und damit deren Kommunikationsnetzwerke sicher gemacht werden sollen, in jedem Fall muss eine Bestandsaufnahme der Prozesse und der dafür notwendigen Netzwerkkommunikation erfolgen. Sonst wird nur der eine Wildwuchs durch einen anderen ersetzt. Dafür ist Transparenz und Einblick in das Netzwerk nötig, der aktuelle Stand muss erfasst und verstanden werden. Nur dann können bestehende Prozesse und deren Netzwerke abgesichert werden oder die neuen Prozesse von vornherein abgesichert werden.

So wie also eine Absicherung von Unternehmensprozessen eine Erfassung und Analyse der Prozesse erfordert, braucht es auch eine Erfassung und Analyse aller Daten- und Kommunikationsströme im Netzwerk. Dadurch kann ungewöhnliches und unerwünschtes Verhalten erkannt werden und mit passenden Sicherheitsrichtlinien unterbunden werden, ohne die Geschäftsprozesse zu behindern oder zu unterbrechen.

Die Unternehmensprozesse umfassen aber auch Menschen. Die Mitarbeiter müssen die Sicherheitsrichtlinien verstehen und annehmen, um die technische Durchsetzung dieser Sicherheitsregeln zu akzeptieren.

Neue Ideen für mehr IT-Sicherheit in KMUs

IT-Lotse navigiert KMUs auf Sicherheitskurs

Obwohl nahezu täglich über neue Hackerangriffe und Virenattacken berichtet wird, sind nach Angaben des TÜV Informationstechnik nur 3 Prozent der kleinen und mittelständischen Unternehmen in Deutschland ausreichend vor Cyberangriffen geschützt. Dabei lässt sich bereits mit einfachen Maßnahmen ein Mindeststandard an IT-Sicherheit erreichen. Mit dem Projekt »IT-Sicherheitslotse« sensibilisiert die Industrie- und Handelskammer Mittlerer Niederrhein in Kooperation mit dem Kompetenzzentrum für IT-Sicherheit der Hochschule Niederrhein seit Sommer 2018 kleine und mittlere Unternehmen für das Thema IT-Sicherheit. Bei einer kostenfreien Beratung und mit einem Schnelltest sollen dabei Sicherheitsmängel identifiziert und Maßnahmen zur Verbesserung des Sicherheitsniveaus aufgezeigt werden. Der IT-Sicherheitslotse ist eine gute und praxistaugliche Idee, um die digitale Kompetenz und das Sicherheitsbewusstsein von KMUs zu stärken. Es bleibt zu wünschen, dass das Projekt erfolgreich ist und als Vorbild für andere Bundesländer dienen kann.

Sicherheits-Know-how von der Berufsschule in die Betriebe tragen

Die Digitalisierung eröffnet kleinen und mittelständischen Unternehmen neue Geschäftsmöglichkeiten. Damit verbunden sind gleichzeitig steigende Anforderungen an den Schutz von Daten und die Sicherheit der IT-Infrastruktur. Doch fehlendes Wissen in Bezug auf die IT-Sicherheit ist in den meisten KMUs eine Schwachstelle. Mit dem Projekt »Bottom-Up« will die Initiative IT-Sicherheit in der Wirtschaft des Bundesministeriums für Wirtschaft und Energie dem IT-Sicherheitsdefizit in KMUs entgegenwirken. Dabei wird Auszubildenden in der Berufsschule praxisnahes IT-Sicherheitswissen vermittelt. Als Multiplikatoren tragen sie ihr neu erworbenes Sicherheits-Know-how in ihre Betriebe und geben es dort an ihre Kollegen weiter.

In einer Pilotphase wurde Bottom-Up bundesweit in fünf Berufsschulen mit unterschiedlichen Ausbildungslehrgängen getestet. Danach soll das Projekt bis auf 50 zusätzliche Schulen ausgeweitet werden. Und war die Teilnahme bislang im Rahmen von Wahlpflichtfächern oder AGs freiwillig, soll das Thema IT-Sicherheit künftig fest in die bestehenden Lehrpläne integriert werden.

Hacken für mehr IT-Sicherheit

Sie finden jede Schwachstelle in IT-Systemen und spüren selbst die kleinste Sicherheitslücke auf. An sensible Daten zu gelangen, ist für sie ein Leichtes. Sie könnten Industriekonzerne lahmlegen und Lösegeld in Millionenhöhe fordern. Tun sie aber nicht, denn sie sind die Weißen Ritter unter den Hackern. Statt Schaden anzurichten, tun sie Gutes. Ihre Mission: die IT-Systeme von kleinen und mittelständischen Unternehmen sicherer zu machen. Die Rede ist von IT-Sicherheitsdienstleistern, die Firmen in ihrem eigenen Auftrag hacken.

Dem IT-Branchenverband Bitkom zufolge kam es in den vergangenen zwei Jahren bei annähernd zwei von drei deutschen Mittelständlern zu IT-Sicherheitsvorfällen. Doch viele Unternehmen scheinen das Risiko immer noch zu unterschätzen. Denn sie wenden sich in der Regel erst dann an die professionellen Auftragshacker, wenn sie bereits Opfer eines Angriffs geworden sind. In den meisten Fällen ist nicht die technische Sicherheit das Problem. Ein viel größeres Risiko geht von der fehlenden Achtsamkeit der Mitarbeiter im Umgang mit Informationen aus. Wer seinen Türschlüssel von außen stecken lässt, darf sich nicht wundern, wenn es sich Fremde im Unternehmen gemütlich machen. Security-Analysten helfen Organisationen dabei, die Einfallstüren in ihre IT-Systeme sicher zu verschließen.

Ziel der professionellen Hacker ist es, die gleichen Mittel wie Cyberkriminelle anzuwenden und sämtliche

Angriffsszenarien durchzuspielen. Sie suchen sich zum Angriff die schwächsten Punkte, um in das Netzwerk einzudringen. Sind sie im Netzwerk, prüfen sie weitergehende Bedrohungen. Sie ermitteln, welche Sicherheitslücken durch das Zusammenwirken verschiedener Arbeitsbereiche entstehen, und versuchen, unbefugte Berechtigungen zu erlangen. Die Ergebnisse der Auftrags-Hacker-Attacke werden in einem verständlichen Abschlussbericht zusammengefasst. Dabei werden individuelle Schwachstellen identifiziert, Risiken nach Gefährdungsgrad klassifiziert und Empfehlungen für konkrete Maßnahmen zur Verbesserung der IT-Sicherheit gegeben.

Seriöse Hacker-Attacken bieten neben dem TÜV Trust IT vor allem IT-Sicherheitsunternehmen an, die nicht selten personell auf ehemalige Hacker und begabte IT-Studenten zurückgreifen. Interessierte Unternehmen können sich an den Fachbereichen der Universitäten in ihrer Region über entsprechende Angebote informieren.

Fazit: IT strategisch managen – Datensicherheit ist Chefsache

Die weltweite digitale Vernetzung unserer Wirtschaft hat dazu geführt, dass immer mehr Daten überhaupt existieren und verknüpft werden – auch mit immer mehr internetfähigen Geräten. Dies wiederum weckt Begehrlichkeiten bei Hackern und anderen Angreifern, die ihrerseits die gestiegenen technischen Möglichkeiten für sich nutzen können – trotz der Gegenmaßnahmen. Es ist ein Wettrüsten, zumal durch das Internet der Dinge weitere Baustellen und Schwachpunkte entstehen.

Jedem muss klar sein, wie wichtig Daten sind, vor allem auch als Chef. Fatal ist in diesem Zusammenhang die immer stärkere Verschränkung von Privatleben und Dienst, die sich auch auf die Technik und die Datensicherheit auswirkt. Auf dem privaten Handy kommuniziert man per WhatsApp mit Kollegen, auf dem Dienstrechner ruft man seine persönlichen E-Mails ab und vom heimischen PC aus hat man Zugriff auf das Firmennetzwerk. All dies erleichtert die Arbeit und die Kommunikation – aber auch die Machenschaften von Unbefugten. Gleichzeitig liegt dort – bei den Mitarbeitern – das wohl größte Einfallstor für Kriminelle. Darin sind sich auch alle Experten einig, die wir hier in den Interviews gehört haben.

IT, Datenschutz (DSGVO) und Datensicherheit gehören zusammen – und sie sind so wichtig, dass sie innerhalb eines Unternehmens hierarchisch ganz oben angesiedelt sein müssen. Je nach Firmengröße sollte dafür sogar der Chef/Geschäftsführer oder ein Vorstandsmitglied zuständig sein – oder ein Verantwortlicher, der direkt dem CEO berichtet. Idealerweise bekleidet er die Funktion eines Chief Information Security Officers (CISO). Diese Notwendigkeit der Chefsache ergibt sich übrigens allein schon aus der Datenschutz-Grundverordnung. Sie fordert diese Personalisierung zwar nicht direkt. Aber es ist der Chef persönlich, der bei einem Vorfall belangt wird – also sollte er auch ein starkes Interesse daran haben, dass alles korrekt ist. Die IT-Abteilung mit all ihren Facetten gehört daher in die Verantwortung der Geschäftsführung. Und sie muss auch gelebt und in der Kultur des Unternehmens verankert werden. Ein Chef, der sich nicht übermäßig für IT-Dinge interessiert, muss sich stark dafür erwärmen. Der Bindig IT-Security Score führt die wichtigsten Punkte ins Feld und kann als Leitfaden dienen.

Denn IT und Datensicherheit sind nicht unterstützende Aspekte wie eine Immobilie oder Strom, die »irgendwie auch« zur Firma gehören und nur eine Kostenstelle darstellen, wie es auch Ulrich Seibold kritisiert hat, sondern sie sind existenziell. Und zwar aus mehreren Gründen:

- IT, die Digitalisierung und die digitale Transformation bestimmen immer mehr unser Leben und Wirtschaftsleben: Alle Möglichkeiten, die die Technik für Dienstleistungen und Produkte bietet, müssen ausgeschöpft und vorher natürlich erkannt werden. Im Kampf mit der Konkurrenz kann dies ein Wettbewerbsvorteil sein oder zumindest ein Faktor, der eine Firma nicht ins Hintertreffen geraten lässt.
- Der zweite Punkt ist das Thema Datenschutz/DSGVO. Die Vorschriften sind dermaßen komplex und die Strafen und Konsequenzen so harsch, dass von deren Einhaltung die Existenz des Unternehmens abhängen kann. Zudem sind durch die DSGVO so viele organisatorische, technische und finanzielle Entscheidungen nötig geworden, dass sie nur vom Tisch eines Chefs/eines Vorstands aus getroffen werden können.
- Das Thema Datensicherheit wiederum – um das sich dieses Buch dreht – birgt ebenso viele Facetten und Aspekte, die die generelle Sicherheit und den Betrieb des Unternehmens bestimmen. Gehen wichtige Daten verloren oder geht die IT in die Knie – was heute fast überall Arbeitsstillstand bedeutet –, so ist der wirtschaftliche Schaden enorm, aber auch die Reputation einer Organisation gefährdet. Dies kann ein Unternehmen ebenfalls bis an den Rand des Abgrunds führen und darüber hinaus.

Es liegt also auf der Hand, dass in der obersten Etage ein großes Verständnis für alle diese Punkte aufgebracht oder entsprechend erarbeitet werden muss. Diese Entwicklung muss vom Chef ausgehen und organisiert werden.

- Als Chef müssen Sie sich die **geeigneten Leute** heranziehen oder einstellen, die richtigen Fragen stellen, gemeinsam mit ihnen und/oder externen Dienstleistern Pläne und Konzepte erstellen, um schließlich die adäquaten Entscheidungen zu treffen – die dann wiederum im gesamten Unternehmen kommuniziert werden müssen. So kennt, versteht und lebt jeder auch die Datenschutz- und Datensicherheitsleitlinien. Alle Mitarbeiter müssen vor allem in Hinblick auf Datenschutz (wenn sie personenbezogene Daten verarbeiten) sensibilisiert werden, genauso wie für ihren Beitrag, für IT-Sicherheit zu sorgen und eben nicht unbedacht E-Mail-Anhänge von Fremden zu öffnen.
- Zum Managen gehören neben dem Organisieren und Entscheiden auch die **finanziellen Ressourcen.** All die in diesem Buch skizzierten Dinge kosten natürlich Geld. Sie sind jedoch Teil eines Unternehmens wie Mitarbeiter, Räumlichkeiten und Mobiliar. Insofern muss die Budgetierung in ausreichendem Maße erfolgen, da IT & Co. zu den tragenden Säulen einer Firma zählen, die obendrein den Wettbewerbsvorteil sichern. Das Budget und die dazugehörigen Anschaffungen und Maßnahmen müssen jedoch

einer Strategie folgen. Gerade Panik und Aktionismus verleiten zu nicht ausreichend aufeinander abgestimmten Insellösungen, die meist nicht effektiv oder schlichtweg überdimensioniert sind.

- Wenn noch nicht vorhanden, muss das **IT-Sicherheits-Know-how** langfristig aufgebaut werden. Dazu müssen Sie sich gegebenenfalls einen IT-Security-Manager heranziehen.
- Zudem sollten Sie **IT-Sicherheits-Zertifizierungen** durchführen, etwa nach ISO 27001. Ich empfehle generell die Einführung eines **Information Security Management System (ISMS)**, selbst wenn gar keine ISO-Zertifizierung besteht. Daneben sollten Sie aktiv Sicherheitsaudits, Penetrationstests und Hacker-Simulation planen und durchführen; natürlich nur, wenn es zur Größe und Ausrichtung des Unternehmens passt.
- Mit einem **IT-Sicherheitskonzept** können Sie die im Ernstfall umzusetzenden Maßnahmen priorisieren und daraufhin die nötigen Voraussetzungen für ein professionelles Reagieren schaffen. Dabei sollten Sie aber nicht in wahllosem Aktionismus versinken. Denn viele Unternehmen sind zwar inzwischen allgemein alarmiert und sorgen für die gewünschten Budgets, Menschen und Material. Doch ersetzt dies noch keinen sinnvollen Plan. Nötig ist vielmehr eine durchdachte, beispielsweise dreiteilige Sicherheitsstrategie, die nach strategischer, taktischer und operationeller Sicherheit unterscheidet.[8]

- Zur Sicherheitsstrategie gehört unter anderem auch der **Desaster-und-Recovery-Plan** mit einer entsprechenden Vorbereitung für einen Datenrettungsfall. Hierzu sollten Sie einen Rahmenvertrag mit einem spezialisierten Datenrettungsunternehmen abschließen. Dies beschleunigt eine etwaige Rettungsaktion enorm, zumal Sie dann nicht in Eile und unter Druck recherchieren, Preise vergleichen oder Ansprechpartner suchen müssen.
- Bei allem müssen Sie auch die **Gebäudesicherheit** immer miteinbeziehen und sich nicht nur auf die Geräte und die Software konzentrieren. Denn viele Datenpannen und -verluste geschehen eben auch rein physisch, also durch Diebstahl der Geräte oder durch Feuer- und Wasserschäden. Sie müssen also für äußere und innere Zutrittskontrollen sorgen, die Zutritte dokumentieren und Routinen dafür schaffen, wenn es einen Alarm gibt. Dies ist jedoch ohnehin Teil eines IT-Sicherheitskonzepts.
- Haben Sie verschiedene Standorte, womöglich international, potenzieren sich die nötigen Anstrengungen und der Abstimmungsaufwand. Naturgemäß machen dezentrale Strukturen alles komplexer, auch wegen etwaiger unterschiedlicher Vorschriften und Gesetze. Eine **transparente Kommunikation** – ohnehin immer anzuraten – ist hier besonders wichtig. Dezentrale Strukturen können zwar auch zu mehr Sicherheit führen (weil nicht alles an einer Stelle konzentriert wird), erhöhen jedoch die Gefahr von Einfallstoren für

Angreifer. Durch die komplexere Vernetzung müssen Sie umso mehr Ihre IT auf Sicherheitsmerkmale prüfen. Hierzu gehören Mehr-Faktor-Authentifizierungen und eine strikte IT-Sicherheits-Policy, die über zentrale Gruppenrichtlinien auch international umgesetzt werden muss. Voraussetzung ist hier besonders ein hierarchisch gesehen hoher Einfluss der IT – idealerweise auf CEO-Ebene.

- Sie sollten eine systematische Verwaltung aller mobilen Geräte einrichten, ein sogenanntes Mobile Device Management. Schließlich haben heutzutage viele Mitarbeiter ein Notebook, ein Smartphone und vielleicht noch ein spezielles Firmengerät, etwa ein Messgerät, einen Barcodescanner oder ein Gerät für den Außendienst, der damit seine Arbeitsleistungen nachweist. All diese Geräte sind einerseits »normale Einfallstore«, andererseits ist hier die Gefahr von Wildwuchs und Eigenleben besonders groß, zumal die Gegenstände naturgemäß häufig mit nach Hause genommen und möglicherweise dort auch verwendet werden. Daher müssen all diese Gerätschaften zentral verwaltet und registriert sein. Allein das ist zwar kein besonderer oder zusätzlicher Schutz. Doch kann man so im Ernstfall besser nachvollziehen, von wo ein Angriff kam. Daher sind strikte Regelungen notwendig, die Mitarbeitern zeigen, was sie dürfen und was nicht. So kann es etwa vorkommen und erlaubt sein, dass sich ein Mitarbeiter auf einer Dienstreise ein neues Smartphone zulegt, weil das alte gerade kaputtgegangen ist. Dieser

Tausch muss aber angezeigt werden. So kann beispielsweise später nachvollzogen werden, dass über das längst ausrangierte Handy bereits vor einem Jahr eine Attacke erfolgt war – die erst jetzt zum Tragen kommt. Für die Fehlersuche, die aktive IT-basierte Sicherheitsanalyse von Anomalien oder das reaktive Ausschalten von Angriffen ist daher ein strukturiertes Mobile Device Management unerlässlich. Auf diese Weise ist ein vollständiges Register vorhanden und vor allem auch das Bewusstsein für die Historie aller Geräte.

Insgesamt sollten Sie bei allem auch die Erwartungshaltung einnehmen, dass Sie jederzeit Opfer eines Hackerangriffs werden können (was durchaus realistisch ist). Diese Alarmbereitschaft kann vor allem weniger technikaffinen Chefs helfen, sich besser auf Bedrohungsszenarien einzustellen und sich für das Thema zu sensibilisieren. Rechtzeitiges Erkennen von Angriffen, das Erstellen von Notfallplänen und -maßnahmen sowie das Identifizieren von Schwachstellen sollten dabei im Mittelpunkt stehen. Sieht man sich Letztere genau an – wie sie das Analystenhaus techconsult in der Studie *Security Bilanz Deutschland* veröffentlicht hat – und macht daraus Aufgabenstellungen, so sollten Sie sich weitere folgende Punkte vornehmen:[9]

- Haben Sie anspruchsvolle Lösungen zur Erkennung von Angriffen in Ihrer Organisation installiert, so müssen Sie diese auch richtig umsetzen.
- Verwenden Sie Mehrfaktor-Authentifizierungsver-

fahren mit Smart-Cards, USB-Tokens oder sogar einer biometrischen Authentifizierung.

- IT-Sicherheitslösungen funktionieren nur so gut, wie auch Ihre Mitarbeiter darüber informiert sind und diese befolgen.

Mehr Sicherheit muss effizient und praktikabel gleichzeitig sein. Schließlich muss Ihre Organisation arbeitsfähig bleiben – und die Mitarbeiter müssen die Vorgaben auch akzeptieren und entsprechend den Umgang mit all ihren Endgeräten handhaben, auch in Hinblick auf WhatsApp, Facebook und andere Messenger. All dies ist eine organisatorische Herausforderung, die zwar zentral angeleitet, aber dezentral erledigt werden muss. In den allermeisten Fällen weiß der Firmenchef jedoch nicht, was seine IT genau macht. Der Chef denkt, es würde schon alles richtig laufen – technisch, rechtlich, organisatorisch. Und die IT denkt, dass der Chef schon weiß, wie er die Leitplanken aufstellt. Mit anderen Worten: Jeder arbeitet vor sich hin – bis etwas passiert. Insofern müssen Chef und IT dringender denn je zusammenkommen, ihr Wissen, ihre Erwartungen und Vorstellungen abgleichen und Mechanismen schaffen, um sich stets ein Update zu geben. Die Knackpunkte und Schwachstellen müssen gefunden werden, Pläne müssen erstellt – und vor allem die gleiche Sprache gesprochen werden.

Glossar

Add-on – erweitert vorhandene Hard- oder Software um bestimmte Funktionen.

Bit – steht für »binary digit« und ist die kleinste elektronische Speichereinheit. Mögliche Werte sind 1 und 0 (an und aus).

Byte – 1 Byte = 8 Bit

BIOS – steht für »basic input/output system«, das die Firmware eines PCs ist. Sie wird in der Regel in einem Chip auf der Hauptplatine des Rechners gespeichert.

Client – ein Endgerät in einem Netzwerk, das mit einem Server kommuniziert.

CNC-(Maschinen) – »Computerized Numerical Control«-Maschinen, die durch Rechentechnik automatisch gesteuert werden.

Digitalisierung – zum einen Synonym für die digitale Transformation/Revolution und zum anderen für die Überführung von analogen in digitale Inhalte.

Firewall – elementares Sicherungssystem von (IT-)Netzwerksystemen, das das Netzwerk vor unerwünschten Zugriffen schützen soll und nur bestimmte Kommunikationswege zulässt.

Firmware – elementare (engl. *firm*, »feste«) Software, die in elektronischen Systemen die grundlegende Kommunikation zwischen Hardware und Anwendungssoftware regelt.

IT-Infrastruktur – umfasst alle Dienste, Hard- und Software, die für die Informationsverarbeitung einzelner Organisationen zur Verfügung stehen.

Mail-Proxy – ist ein spezieller Viren- und Spamfilter für E-Mails, um schädliche Inhalte zu erkennen und gegebenenfalls Aktionen wie Markierungen oder Löschungen zu initiieren.

PPS(-Programme) – Produktionsplanungs- und Steuerungssysteme, die die Anwender bei typischen Analysen und Steuerungen zu produktionslogistischen Kennzahlen (Durchlaufzeiten, Termineinhaltung, Kapazitäten et cetera) unterstützen.

RAID-System – steht für »Redundant Array of Independent Disks« und ist eine Organisationsform mehrerer physischer Massenspeicher (wie Festplatten), um eine höhere Ausfallsicherheit zu erreichen und gegebenenfalls höhere Datendurchsätze zu ermöglichen.

Router – typische Netzwerkgeräte zum aktiven Verteilen oder Weiterleiten von Daten zwischen mehreren Teilnehmern und Netzwerken. Typische Anwendung ist die Nutzung zur Internetanbindung.

Skripte – kleine Programme, die verschiedene Rechnerbefehle und -anweisungen kombinieren, um diese auszuführen. Oftmals sind diese nur in Quelltextdateien angefertigt.

Server – ein Computer oder Computerprogramm, der spezielle Dienste, Programme oder Ressourcen für Clients zur Verfügung stellt.

Switch – Verbindung- und Vermittlungsgerät zwischen mehreren Geräten in einem Netzwerk.

Trojaner – Schadsoftware, die sich als eine andere ausgibt oder andere nützliche Funktionen aufweist, im Hintergrund aber ungewünschte Funktionen ausführt (zum Beispiel Manipulation von Werbeinhalten im Browser).

Verschlüsselungsrate – Wert, der die Stärke der Verschlüsselung zum Beispiel von Daten, Kommunikationswegen oder Zertifikaten widerspiegelt. Dieser wird in Bit gemessen.

Virus/Viren – selbstverbreitende und -reproduzierende Schadsoftware.

Virtual Private Networks (VPN) – ermöglichen die sichere Kommunikation räumlich getrennter Unternehmensteile. Es handelt sich dabei um ein geschlossenes logisches Netzwerk, bei dem die Mitarbeiter über einen gesicherten IP-Tunnel verbunden sind.

WEP – steht für »Wired Equivalent Privacy« und ist ein Verfahren zur Datenverschlüsselung und Authentifizierung für WLAN-Verbindungen. Dieses Verfahren gilt mittlerweile als unsicher.

WLAN – »Wireless Local Area Network«, also ein drahtloses lokales Netzwerk, das auf Funkstandards basiert.

WPA – »Wi-Fi Protected Access«, ein Verfahren zur Verschlüsselung. Es ist eine Weiterentwicklung von WEP und gilt mittlerweile als unsicher.

WPA2 – ist eine Erweiterung von WPA und heutiger Sicherheitsstandard.

Anmerkungen

1 https://www.ibm.com/security/data-breach

2 https://www.ibm.com/security/data-breach

3 https://www-01.ibm.com/common/ssi/cgi-bin/ssialias?htmlfid=SEL03130WWEN

4 Verizon Data Breach Investigations Report (DBIR)

5 https://pages.riskbasedsecurity.com/hubfs/Reports/2016%20Year%20End%20Data%20Breach%20QuickView%20Report.pdf?t=1506112909072&utm_campaign=2016%20Year%20End%20Data%20Breach%20QuickView%20Report&utm_source=hs_automation&utm_medium=email&utm_content=41076100&_hsenc=p2ANqtz--bcWBmd3227Nzho_gAd3165wJ8lPsXuhkBuaarYWKi8DlxXrnP-lDWgLJmzpI9NNFCD1s6prUq_y-DM52BDivzho4QJg&_hsmi=41076100

6 Datakontext, 25

7 Datakontext, 25

8 http://www.netzwerker.news/sites/dynamic.pl?id=news20080805131663188

9 https://www.heise-consulter.de/file/get/4ZXDt1fbGKHXLITA